有次と庖丁

江　弘毅

Koh Hiroki

新潮社

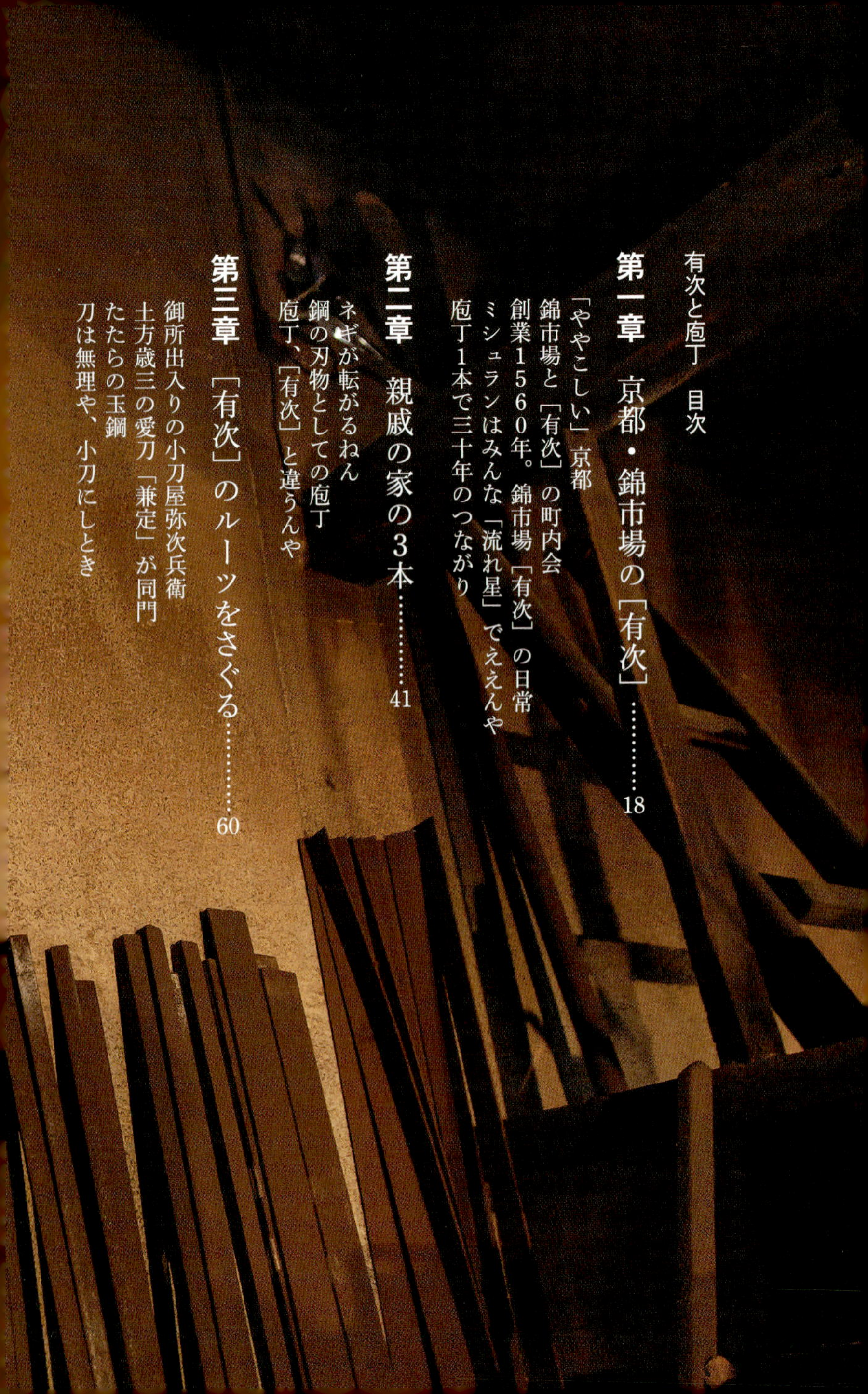

有次と庖丁　目次

刀鍛冶の作刀技術が伝わる本焼き庖丁の名人・沖芝昴さん。
堺打刃物の鍛冶仕事には約20の工程がある。堺の沖芝刃物製作所。一面鉄錆色と火の世界。

右上／沖芝昂さんの仕事を見守る
　　　[有次]十八代目当主・寺久保進一朗さん。
左下／刃に焼き入れをする火床（ほど）の上の壁
　　　には神棚が置かれている

手足を駆使してふいごを煽る。焼き入れの火は松炭を使う。
堺打刃物の鍛造は温度管理がすべて。鍛冶は赤められた
鉄の色で850℃と900℃を見分ける。

沖芝さんが鍛造した庖丁に刃付けをする
「伝統工芸士」の野村祥太郎さん。

仕上げ行程に使う堺伝統の「木砥」（左）。
切刃を髪に当て刃の付き具合を確認

木柄づくりも分業。堺の「柄屋」はこの
辰巳木柄製作所含め5軒しかない。

有次

本焼蛸引
八角蛸引
八角柳刃
八角薄刃
八角出刃
和牛刀
菜切
骨切
すし切
蛸引

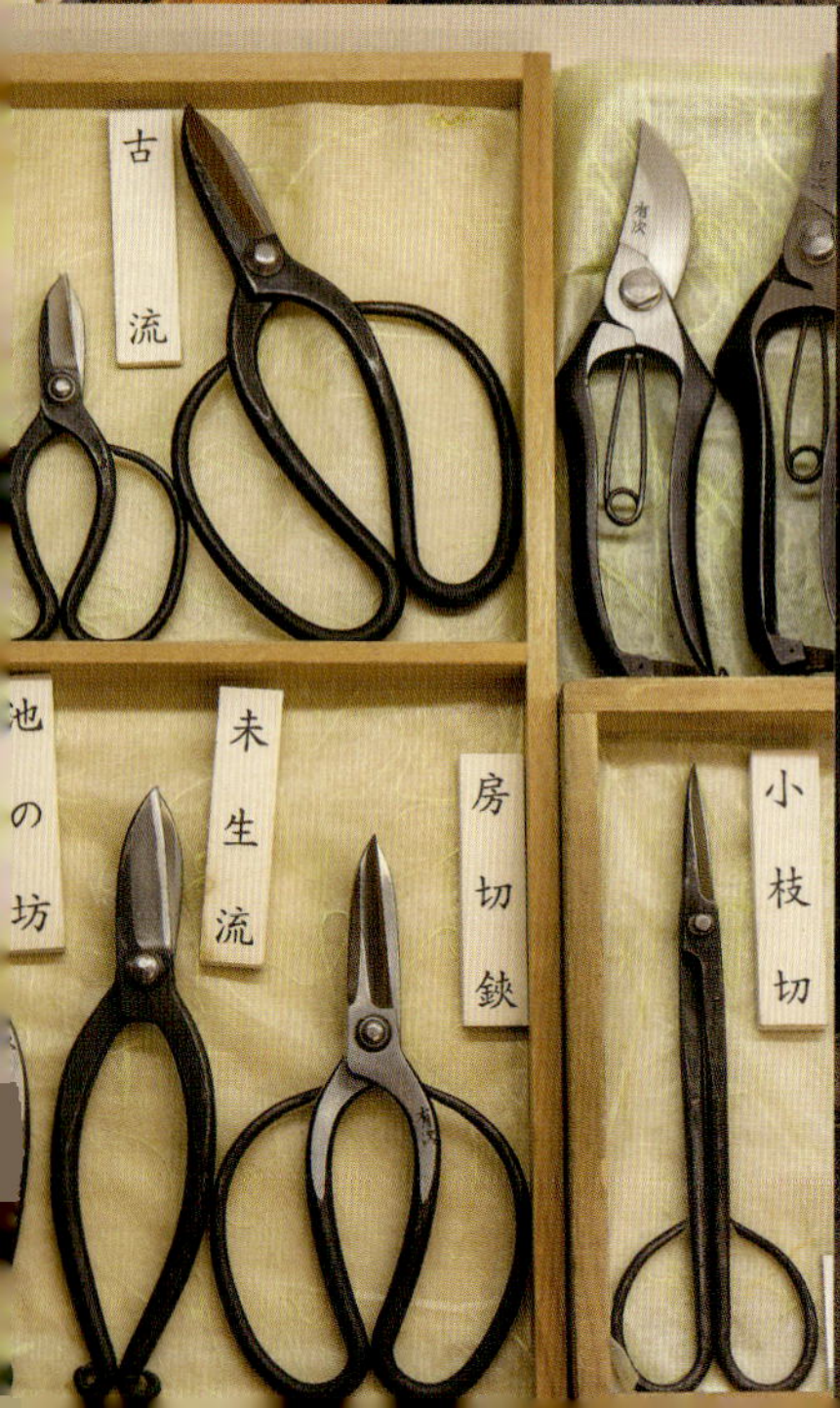

古流
池の坊
未生流
房切鋏
小枝切

有次

京都錦市場にある[有次]。奥が工房になっていて、製品は
武田昇店長（奥）ほかが必ず店内の砥石で刃を仕上げる。

料理旅館[近又]、フグ専門鮮魚店
[まる伊]で使われる[有次]。

京都では玉子焼鍋、練り物用の付け
庖丁、中華庖丁まで[有次]だ。

大國屋
鰻 鰻 鰻

山本清掃
山とみ
田丸印房
錦 天 満 宮

上／刃渡り36センチの生ハム切り庖丁の刃の形状。
下／赤坂[燻]の葉巻切り庖丁。世界初の[有次]製。
右頁／[大國屋]で使われる3種の鰻サキ庖丁。
　　　漬物屋では両刃の洋庖丁。

外国人客がひっきりなし。台湾の家族客が記念写真
を撮っている。2階では庖丁研ぎや料理の教室が。

有次と庖丁

第一章　京都・錦《にしき》市場の［有次《ありつぐ》］

「ややこしい」京都

京の台所、「錦市場」。

年末になれば必ずテレビに登場する、おなじみの活気ある市場。

京都市中京区の通称「錦市場」には、長さ約４００メートル、道幅３メートルあまりの狭い通りに約１５０の店舗がひしめき合っているが、庖丁・料理道具をただ一軒扱う［有次］は、中でも異彩を放っている。

錦市場は東西に延びる錦小路通にあり、その錦小路通は京都随一の四条通の一筋北に位置している。京都錦市場商店街振興組合に属する店は１２６店舗である。

錦市場は東のアーケードのある賑やかな寺町通から始まり六筋先の高倉通で終わる、というように認識されている。けれどもそれは観光客や祇園や河原町を含めた東側の「鴨川側からの客の言い方」で、「西側の高倉が入口で、東のどん突きが錦天満宮で新京極や」という京都人も多く、そのあたりが旧《ふる》い大都市としての京都のややこしいところである。

わたしは大阪・岸和田の人間であるが、三十年来の友人には三条蹴上の料理旅館の息子や錦市場の漬物屋などもいて、大阪のいわば隣の街である京都に親しんできた。また長い間京都・大阪の街場について書き、雑誌や書籍を編集してきたことから、大阪と京都さらに洛中と洛外の微妙な文化的差異＝ややこしさがよくわかる。

たとえば「きつねうどん」と「たぬきそば」の話。甘辛く味付けした揚げをのせるきつねうどんは、全国どこのうどん屋でもグランドメニューとしてある。このきつねうどんに関しては、明治二十六年（1893）創業の大阪・南船場［松葉家本舗］（現［うさみ亭マツバヤ］）発祥が通説だ。きつねうどんは大阪・南船場から全国に広がった。そして本場・大阪では、うどん屋で「たぬき」といえば「きつねうどん」の「そば」バージョンである。

けれども京都では事情がまったく違ってくる。大阪の「たぬき（そば）」は京都では「きつねそば」なのである。京都で「たぬき」というのは刻んだ揚げを具にして「あんかけ仕立て」にしたものだ。したがって「たぬきうどん」も「たぬきそば」もある。うどん王国の大阪人からすると、京都の「たぬきうどん」をしいてメニュー的に言うと「きざみのあんかけうどん」のはずであり、「そんなアホな」であるが、京都の友人から言わせると「それは、大阪が間違《まちご》うてる」である。

実際、京都のとある旧いうどん屋さんのおかみさんは、「大阪のお客が来はって『たぬき』言わはるのがいちばんナンギですわ」と言う。だから一見客が「たぬき」と注文した場合、「そばですか、うどんですか。きざみのあんかけですけど、よろしおすか」と確認する店も多いと聞く。わたしが京都へ行くときは京阪電車を使うことが多いが、京阪三条の駅近の老舗のうどん屋では、品書きのうどんの列に「たぬき（京風）」とある。大阪からの客が多いから「（京風）」という表記を加えているのか。

町の風習も違う。京都や大阪の旧い町では夏になると、家屋や店舗の前に水を撒く。少しでも気温を下げようという習慣で、毎朝店の前を掃除したあと水撒きが行われることが多い。この水撒きの仕方がまちまちなのだ。

京都市下京区四条烏丸の南東にある仕出し屋が実家の後輩によると、隣の家や店の前には絶対水を撒かないし掃除もしないそうだ。なぜなら一回こちらがそのように水撒きや掃除をすると、次の日に今度は隣家の人が同じことをするからだ。そうなると、次の日にはまたこちらが……、となってしまう。そういう互酬的な関係性が〝ややこしい〟というのだ。隣の店まで水撒きをやっていると、「ちょっと、なにしてはるの」と言われるのではないかと彼は笑う。お向かいには、「見えない中央線ぐらいから、向かいの家側に水がはねないように、自分の家に向かって水を撒く」そうだ。

そのあたりの話は町によって微妙で、中京区烏丸御池の呉服問屋の家では、必ず隣との

「境界を少し越えたあたり」まで掃除や水撒きをする。あまり越えてしまうと「お宅が掃除しはらへんから、うちがやっときました」というふうに解釈される。そうなると「ややこしい」からだそうで、たとえば隣が料理屋や飲食店など業種が違い営業時間がずれている場合など、逆に「いけず（失礼）」になるという。

四条烏丸、烏丸御池（碁盤の目のタテヨコの通りのどっちが先かというのもややこしい）の二つの例の両方とも、基本的なスタンスとしては「分をわきまえた隣近所、人づきあいの合理性」ということだと言うが、「ややこしいなあ」と思ってしまう。

わたしは岸和田の旧い商店街の生地屋に生まれ育った。お向かいは瀬戸物屋、両隣が箪笥屋とお菓子屋兼おもちゃ屋であった。毎朝9時になると数分前後して、うちの母親や瀬戸物屋の明治生まれの和服姿のおかみさんが、隣家向かいまで掃除や水撒きをしていた。申し合わせたように同じ時間にしていたと記憶する。夏休みになると、姉やわたしもよく手伝わされた。

時代はビルのテナントやマンション住人が管理会社に管理費を払って掃除やメンテナンスをさせる時代になりつつあったが、そういった習慣が「商家の躾《しつけ》」のようなものだと思っていた。なによりも手間が半減するし、二回分で自分の家や隣近所がいつもきれいになる。この掃除水撒きの習慣は、大阪北区の商店街の友人に聞いても同様で、こちらの方が京都よりも合理的で、何よりもわかりやすいじゃないか、などと思う。

言い方は少し大阪流で伝法《でんぽう》になってしまうが、京都はまるで小五月蝿《こうるさ》い親戚の叔母宅のようなところだと思っている。

錦市場と［有次］の町内会

［有次］は錦天満宮の鳥居がある寺町通から錦小路を西すぐ一本の御幸町《ごこまち》通を越えて三軒目、中京区錦小路通御幸町西入ルにある。地元の京都人はもちろん観光客、修学旅行生でも賑わうアーケードの繁華街・寺町通から、西に入ってすぐの抜群の立地だ。

住所表記だと「鍛冶屋町《かじやちょう》二一九」という番地がつく。鍛冶屋町というのが、庖丁や鍋といった金物を扱うこの店を象徴しているようで興味深い。

ちなみに錦小路の鍛冶屋町は寺町通から御幸町通、麩屋町通までの約100メートルの横長の小さな町で、ちょうど真ん中の錦小路御幸町通の南東角の店は［京都鶴屋鶴壽庵にしき茶寮］、北西角は青果店の［四寅《よんとら》］である。［京都鶴屋］の歴史は16世紀の天正年間に遡る。［四寅］は「お寺さん神社さんに御用達多いんとちゃうか。旧い料理屋さんも［瓢亭《ひょうてい》］はじめ錚々たるとこに、細かい神経使《つこ》て、丁寧に納めてはるええ八百屋さんや」（京漬物［錦・高倉屋］店主・井上英男氏）という店だ。

鍛冶屋町はこの二軒の店舗を含め、［錦・高倉屋］、魚屋では焼きあなごの［まるやた］、川魚の［のとよ］、夏はハモ、冬はフグの［まる伊］、ゆば専門の［湯波吉］……、とデパ地下の和食高級食材コーナーのような一角だ。

「祇園祭になったら町内に餅を配るんや。地蔵盆にはお塔婆を一軒ずつ持って行って、裏寺（町通）のお寺さんでおがんでもろたり。旧いしきたりのある町」と言うのは、町会長もしている井上氏だ。お地蔵さんは木造50センチ、地蔵盆の時だけ［湯波吉］さんのショーウインドウに鎮座している。

錦市場のなかでもそういう隣近所の鍛冶屋町に、創業永禄三年（１５６０）の「禁裏《きんり》御用鍛冶」に遡る［有次］がある。現在の当主が十八代目にあたる寺久保進一朗氏であり、［有次］の製品のすべてを仕切っている。

錦市場の歴史は滅法古い。現在は新しいアーケード（平成五年完成）がかかる市場であるが、その原型となる錦小路がつくられたのは平安遷都（７９４）桓武天皇の延暦年間の頃で、当時は甲冑《かっちゅう》鎧《よろい》兜《かぶと》を扱う店が多く「具足《ぐそく》小路」と呼ばれていた。それが訛って「屎《くそ》小路」と呼ばれだしたところ、村上天皇が「あまりきたなきなり」と仰せられ、「錦小路」と改めさせたと伝えられる。ちょうど四条をはさんで南に綾小路があり、「綾錦からとって錦小路とせよ」との勅令がそれだ（『宇治拾遺物語』）。また天喜二年（１０５４）の後冷泉天皇の宣旨による改名だとするのが『掌中歴《しょうちゅうれき》』だ。

魚の販売に関しても、すでに延暦年間に「立売《たちう》り」があったとされている。都の人口密集地にあった錦小路は清冽な湧き水に恵まれ、かつ御所への生鮮品の納入に有利な距離だったのだ。鎌倉時代には錦小路で淀魚商人が替銭をしたという書付が残っていて、魚屋の存在を示しているが、室町時代の応仁の乱では、錦市場はもとより洛中がすっかり荒廃してしまう。

その後、天下統一を成し遂げた豊臣秀吉が洛中の都市改造に着手（天正十九年／1591）、錦小路に魚鳥市場として整った市が立ったのもこの頃とされる。元和年間（1615〜1624）には、錦市場は江戸幕府より「魚問屋」の鑑札を得て「店《たな》」となった。「錦ノ店」は「上ノ店」（現・榿木町通）、「下ノ店」（現・六条通）と合わせて「京の三店」と呼ばれ、これら三店魚問屋が京の魚の扱いを独占していく。青果物については明和七年（1770）、錦小路高倉の青物立売市場が町奉行所に公認されたという記録が初出で、ずっと後のことであろう。

錦といえば魚。市場を歩いてみると、一番目立つのが鮮魚店で、川魚、若狭の魚、フグ……と細かい専門店化がうかがえる。同じ魚介類として、塩干もの、昆布や鰹節の専門店を合わせると30数店舗。次いでかしわ屋（鶏肉店）やたまご屋（鶏卵店）が6店舗で、その歴史がうかがえるようだ。ちなみに牛豚肉の精肉店は1店舗のみだ。

今に伝わる長い歴史が錦市場にはあり、この中心に市場唯一の庖丁と料理道具を扱う［有次］がある。

以前、京都・淡交社の月刊誌の別冊『キョースマ！』で、「錦市場1冊まるごと。」という特集を編集したことがあった。その時に錦市場の各店で使われる道具に注目したところ、あらゆる業態の店でことごとく「有次」印の道具が使われているのを知って驚いたことがある。

庖丁を見ても、鰻屋の［大國屋《おおくにや》］の鉈を小型にしたような鰻専用の京サキ庖丁に始まり、フグ専門店［まる伊］では研ぎを重ねてペティナイフのようになった出刃包丁、鶏肉店［鳥清］で日に２００羽を捌いている相出刃庖丁、漬物［錦・高倉屋］で大きな赤かぶらを切る両刃庖丁、17世紀に遡る歴史を持つ鮨屋［伊豫又《いよまた》］の柳刃刺身庖丁、蒲鉾屋［丸常《まるつね》］の練り物天ぷらのすり身をつくる付庖丁。

日に６００本のだし巻きが出る［三木鶏卵］の玉子焼き鍋、［山市］が店頭でぐじ（甘鯛）を焼く際の金串。惣菜店［嘉ねた］の割り箸や木箱に押す焼き印まで［有次］で、この店が新しい雪平鍋を求める際は、厨房での収納具合を見るために現物を借りていく。それを「現場合わせ」と言うのだということは初めて聞いた。

庖丁を初めとする［有次］の多種多彩な料理道具は、料理人たちの技とこだわりに応えた本物のプロ仕様であり、京料理のメソッドと同様に全国の料理店で一目置かれる存在であることは周知だろう。フランスの国営テレビなど外国のメディアにも紹介され、今や全国区どころかワールドワイドな知名度を獲得しており、洛中洛外の京料理店のみならず、錦市場内の業務用にも圧倒的に強いシェアを誇っていたのだ。世界ブランドの［有次］の、その第一の「現場」はまさに自らが店を構える錦市場なのである。

けれども実際に［有次］を訪ねると、他店よりも標準語で話す観光客が圧倒的に目立ったり、欧米人と思しき客が必ずいたり、まるで他の有名老舗京都ブランド店と同じように見える。

老舗うんぬんを語る場合、百年では「まだまだ」という土地柄が京都であるが、戦国時代にさかのぼる「日本鍛冶宗匠三品《みしなけ》家門人・藤原有次」としての類まれなルーツ、そして京料理に影響を与えそのメジャー化を確かに支えてきた料理道具、現代消費社会のなかのグルメブームでの名声――。

それら［有次］の「ものづくり」の精髄に少しでもふれたいと思いいま一度、錦市場［有次］の扉を叩くことにした。

創業1560年。錦市場［有次］の日常

京都の店は間口が狭い。

これは間口の広さを基準にして課税されてきた歴史があるからだが、錦市場にあるさまざまな店舗も、道幅3メートルあまりの錦小路の両側にひしめき合っている。当然、店先で立ち止まり商品を物色する客もひしめきあい身動きが取りづらいほどで、それが一層市場の活気を演出しているようだ。

［有次］の店舗自体も間口3・7メートル、奥行17メートルと典型的な京都の市場の町家、俗に言う「鰻の寝床」だ。奥の接客用のカウンター内には庖丁の刃を仕上げるためのグラインダー、仕上げ砥石の台、名前を刻む台……が置かれている。さらに奥の暖簾《のれん》（結界のようだ）の内側には、庖丁の柄付《え》けや鍋の修理のための道具が整然と並べられた作業場がある。作業台には重そうな金床や庖丁の柄をつけるための鉄の台、小穴を開ける固定ドリルなどがあって、十八代目当主寺久保進一朗さんもその作業場で庖丁や鍋の柄を取り替えたり、金槌やヤットコを使ってさまざまな修理をこなしている。

錦市場には割烹などの料理人や旅館の板前や買い付け担当の「玄人筋」が、その日の食材を仕入れに来る。彼らはだいたい午前中に仕入れを済ますことが多く、午後になるにしたがって一般客が増えて市場は賑わってくるのが通常だが、［有次］に関してはそれが当てはまらない。

開店時間は午前9時〜午後5時半であるが、9時過ぎには客がすでに一杯だ。まるで表で開店を待っていたかのように、客がひっきりなしに入っていく。京言葉の地元客よりも標準語の客が目立っている。外国人も多く、台湾からの家族客は買った庖丁に、鏨《たがね》で名前を刻んでもらっているところを記念写真に撮っている。表の錦小路通からは間口狭く懐深い店内に、客が列を作っているようにも見える。

入口脇には、「庖丁」と浮き彫りにされその文字だけ墨に塗られた長い木製の吊り看板と、絶妙な京風アルファベットに意匠化された“ARITSUGU”に「アリツグ」とルビを振られた小さな横長の看板が対照的に並ぶ。

店内に入ると、左側が壁一面ガラスのショーケースである。それが鰻の寝床の奥まで7面に仕切られ長く続いているのだが、通りに面した最初の1面だけ鍛金の銅製品が並ぶ。やかんや酒燗器、茶漉《こ》し、釜飯を炊くセットまである。そこから店の奥までの6面はびっしりと庖丁だ。店内の右側は各種の鍋、お玉、おろし金から千枚漬け用の鉋《かんな》まで、料理道具である。これも一目で本格的なプロ仕様だとわかる。

庖丁が陳列されるはじめの面にはいきなり左利き用庖丁がずらりと並べられている。よく見るとさまざまな長さの柳刃庖丁や出刃庖丁はもちろん、鰻割き庖丁から小刀様のいろいろな庖丁が2段にわたってディスプレイされている。それを示すように「左用」「LEFT HAND」というプレートが出されている。

「入ってすぐ〝左用だけでもこれだけ種類ありまっせ〟というのは客の度胆を抜くためですか」などと、ちょっと上方特有のイケズを混ぜてこの道四十五年の武田昇店長（70歳）に言うと、武田さんは「へへ」とだけ笑った。

わたしの友人はやはり大阪者が多いが、前出の井上英男氏（錦・高倉屋店主）は京都の親友だ。武田さんは彼の叔父にあたる井上隆さんと、小・中学校の同級生だった。だからこそ井上英男をはさむ感じで非常に親しくしていただいている。武田さんが通ったその小学校

（現・高倉小学校）は大丸京都店（四条通高倉西入ル）のすぐそばにあり、［有次］から歩いて数分である。そんな錦育ちで地元の長老的存在の武田店長が、世界に名だたる［有次］を切り盛りしているのだ。

武田さんは井上英男氏のことを「バッキー」とあだ名で呼んでいる。英男氏がまだ20代だった1980年頃、彼らの間では「バッキー」「ハリー」「エディ」という米語的なあだ名が流行った。大阪のわたしらは「キミらほんまに変わってるなあ」などと奇異に思ったものだ。武田さんは16歳も年上で、創業四百五十年を数える大老舗の店長だが、仲間と同じくずっと「バッキー」と呼ぶ。そんな武田さんについて、英男氏は「あのひとはオープンマインドなんや」と目を細める。

「わたしらの子どもの頃の遊び場所は、山や野原と違《ちご》て大丸やった。せやし蛇とかトカゲとか、今でもこわい」

そういう調子で武田さんは、京都の街場のあれやこれやの取材に応えてくれ、わたしがパーソナリティをしていたラジオの番組でも和庖丁の特徴や上手な使い方について1時間以上たっぷりとお話を聞かせていただいたこともある。

いつも武田さん井上くんなど錦の人と会話をしていて気がつくのは、言葉遣いや話し方が、テレビドラマの京言葉や、祇園や先斗町など花街の住人、あるいは西陣あたりの和装関係者や茶道華道の世界の人のそれとは少し違うということだ。これは同じ関西語圏である大阪でも同様で、大阪人は商売人の船場言葉、落語家やお笑い芸人といった生業による言葉の特徴や違い、地域的には河内弁や泉州弁が違うことを知っている。

錦市場の人の京都弁は、「……どすえ〜」「……やしぃ」などと語尾は伸ばさず、もっとハッキリしている。そして基本的にカチカチっと早口で声もデカい。大阪でも共通する語調は、市場の商売人特有の「人あたり」なのだろう。


話が逸れたが、左利き用から始まる庖丁の陳列は圧巻だ。1段に約50本、そこから3段6面。たとえば出刃庖丁ならいろんな形状に分けられて、さらに小学校の体育の列のように長さ順にずらりと並べられている。柳刃刺身庖丁、鎌形薄刃庖丁、西洋庖丁の牛刀しかり。見たことのない形の庖丁の列がある。鰻専門の庖丁だ。各地で捌き方が違う鰻は庖丁もそれぞれだ。刃渡り約4分の1の刃先部分を三角形にとがらせた江戸サキ（庖丁）、刃も柄も短くずんぐりぶ厚い京サキ、普通の庖丁のように柄がついていない小刀様の大阪サキ、刃金の部分が全体に四角くて小ぶりの名古屋サキ、刃渡りが短い小出刃庖丁の親戚のような九州サキ。そして江戸サキなら刃渡り1・5センチ刻みで9本が並べられる、といった具合だ。

京都の夏といえばハモだが、ハモの骨切り専門の骨切庖丁や、冬に本番になるてっさを引くためだけのフグ引庖丁は、フォルムが美しい。さすがに割烹や鮨屋で、板前が客の前で「庖丁の冴え」を見せるための道具だけある。

一番大きく立派なハモ用の「上製骨切庖丁尺2寸」、すなわち刃渡り36センチの骨切庖丁は9万6075円也である。

思わず「はあ、やっぱりこれはちゃいますね。これで白いハモの骨切りをシャッシャッとやるわけですね」と武田さんに言うと、

「まあ、祇園祭から秋までしか使わへん、とても贅沢な庖丁ですわな」

と、また不敵に笑うのであった。

そのほかアジ切庖丁、栗剝き庖丁、西洋庖丁では肉を切る牛刀、骨スキ、スジ引、鶏肉専用のガラサキ……と、さまざまな用途に応じたさまざまな形状の庖丁がある。その種類、何と400以上。

「何で、庖丁がこんなたくさん分節されてあるんですか。庖丁はそんなけようけ要るんですか」

「結局そうですね。極めれば要るということですね。今の家庭では三徳庖丁で肉、野菜、魚もいけますよ。逆に言うたらそれぞれに中途半端なんですね。ただ普通の家では何本もいらんでしょう。（お客さんに）それは言いませんけども、そういうことです」

先ほどの鰻の「サキ庖丁」の種類については、もちろんその地方の職人がわざわざ来店して求める場合もあるが、鰻屋の蒲焼き職人や料亭・割烹の料理人が、修業に入った店の師匠や親方の「仕事」が大阪仕込みで使う庖丁が大阪サキだった場合、当然それを使い続ける。

またそこから独立して店を持っても、長く使い慣れた大阪サキがないと仕事にならない。「鰻の産地と一緒で、それだけ全国からの鰻割きの技術が昔から京都に集まってるんですわ」ということなのだ。

ミシュランはみんな「流れ星」でええんや

そういえば京都にミシュラン・ガイドが進出してきた2009年、歴史や庭やしつらえを考慮せず「皿の上の料理」の画一的な観点による格付けに違和感を持った京都の料理店が、「取材掲載拒否」をしてメディアを騒がせたことがある。その際にわたしは祇園の料理界の重鎮、［橙］店主・山村文男さんにあらかじめ電話をかけて取材を行った。［菊乃井］の村田吉弘氏、［祇園さゝ木］の佐々木浩氏はじめ、いろんな料理人を取材してこの騒動の記事を週刊文春に書いたのだが、それを締めくくるにあたって、どうしても山村さんの話が聞きたくなったのである。

［橙《だいだい》］は祇園花見小路四条角［一力亭《いちりき》］のすぐ斜め前にある。表の格子の引き戸の上には［万イト］という小さな看板が並ぶが、もともと［一力亭］の別家の暖簾分けのお茶屋［万イト］の1階の部分を昭和四十年代に割烹にしたのが［橙］なのだ。「イト」は山村さんのお母さんの名前である。

赤穂浪士の大石内蔵助が世間を欺くために遊んだとされる「一力亭（茶屋）」は、本来「万亭（屋）」であり、「万」の字の「一」と「力」を離して「一力」にしたという。山村さんに［一力亭］からの「暖簾分けの暖簾」を見せてもらったことがあるが、真ん中に大きく染められた意匠文字は紛れもなく「万」である。

日中戦争の最中、策謀渦巻く上海で阿片密売を仕切る「里見機関」を設立し、敗戦後民間初のA級戦犯容疑者となったフィクサー里見甫が、京都に潜伏していたとき、この［万イト］に入り浸っていたという話は、『阿片王　満州の夜と霧』（佐野眞一著／新潮社）に詳しく書かれている。当時、少年だった山村さんも、「いつも大きな支那鞄を持った周さんという中国人の豪商とジープで来てました」と回想する。

祇園の水を産湯としそのまま育った山村さんは修業を積んだ板前だが、同志社大学卒という経歴だ。珍しいその経歴を面白がった川端康成も常連の一人としてよく通っていた。座敷には美食家だが小食だったという川端が、ノーベル賞の受賞前後の頃に揮《き》毫《ごう》した軸がひっそりと飾られている。

わたしはこの店には、二十年ぐらい前に友人の井上英男（錦・高倉屋店主）に連れて行ってもらってから親しくさせていただいている。この店で酒を飲ませていただいて祇園の扉が一枚開いたとも思っているし、花柳界の事情だけでなく京料理の系譜にしろ今回の『有次と庖丁』についても（この店も全て［有次］の庖丁を使っている）、こと京都については表裏問わず山村さんの話を聞きに行っている。時には話に熱中するあまり、料理の注文を忘れて酒とお通しだけで2時間過ごすということもあったり、こちらにとっては祇園の伯父さんの顔を見に行って、ついでにちょっとヘンコで怖いが訳知りのおもろい話を聞いて帰るという感じだ。

そのミシュラン騒動のことについて、もう70歳を超えていた山村さんは「ミシュランもくそもないと思うわ。門川（京都）市長もそんなもん迷惑や言うとるやろ。セレブとか六本木ヒルズとかそんなん京都に関係ないわ。京都の店には各店の個性ちゅうもんがぎょうさんあるから放っといたれ。みんな流れ星でええんや」と高言した。

わたしは祇園の人は何と真顔でエゲツない言い方をするもんやなあと噴き出したが、そのまま週刊文春09年4月30日号の記名原稿「ミシュランさん、一見さんはお断りどす」に書いた。見出しには「みんな流れ星でええんや」という13文字が躍った。

庖丁1本で三十年のつながり

京都という街は、人間にしても料理店にしても、大／小、強／弱、優／劣といった一元的な物差しで測ることをしない。だから京料理のスタイルも料理方法も道具も多様なまま在る。大根のかつら剝きに使う「使い道は一緒」な薄刃庖丁でも、鎌形と四角い江戸型が並行してずっと使われていく。出刃庖丁にしても形状、長さ、厚さ、重さはもちろん、研ぎ方による切刃の幅や刃の出し方がどうで、二枚刃をどう付けるかは店によって違う。

［有次］が深く関わる京料理の特徴の一つには、［橙］の山村さんが言うように「各店の個性が際立っている」ことがある。

さまざまな個性の根源は歴史的な軸で見ていくと、京に都が遷《うつ》された平安時代の貴族の料理にルーツを持つ「有職《ゆうそく》料理」、鎌倉時代に禅宗の流れで確立した「精進料理」、亭主が客をもてなす茶の湯の世界から生まれた「懐石料理」、そして最後は洛中の町民が食べる惣菜がベースとなる「町方料理」となる。

それらが融合して今の京料理があるのだが、元々が江戸中期からの寺社門前の茶店、腰掛け茶屋であったり、寺院や大店の法事や祝い事、あるいは祇園など花街のお茶屋に出入りする仕出し屋であったり、宴会や接待の食事に使う座敷の料亭、料理が主体の旅館。明治に入っては板前割烹、居酒屋の肴が特化した小料理屋、蕎麦屋、鰻屋、天ぷら屋……、と老舗といわれる店を見ていっても、まったく店舗形態も料理の種類も違うスタイルがそれぞれ京料理の世界を支えているのだ。

もうひとつの観点、すなわち社会性——人と人との関係性から見ると、京都人特有の「うちはうち、よそはよそ」という意識、そして「親方と弟子」という縦のラインを守り続けていることも、そのスタイルの違いを固定している。

たとえばある料理人が［瓢亭］に入って修業をはじめたとする。ある程度年月を経て、違う店で修業をしたいとなったとき［たん熊］や［美濃吉］へ行くことは許されない。［瓢亭］は「うち」であり、それら二店は「よそ」の世界だからだ。［瓢亭］で修業を積み腕を上げたその料理人は、その系列の店へ移るか、京都以外の場所で修業するか、あるいは独立して自分の看板を上げるしかない。

フレンチではそのような系列にとらわれず、［ロブション］から［アラン・デュカス］へ移ったり、「あのスターシェフがこのグラン・メゾンの総料理長に就任した」という出来事がメディアのニュースになったりする。

この2つのまったく違う文化やコミュニケーションの土壌によって、おのおのの技術体系や食材といった食文化そのものの情報のアーカイブ化がなされ、「京料理」「フランス料理」としての発展につながってきた。

［有次］の扱う道具は、このように多種多様な京料理の料理人を支えるこれまた多種多様な庖丁のほかに、刃物だけでもハサミ、小刀、肥後守《ひごのかみ》……がある。ハサミはハサミで花バサミなら、池坊、未生《みしょう》流、専慶《せんけい》流、古《こ》流、松月堂古《しょうげつどうこ》流など流派ごとに揃う。京都には数々の家元があり、それによって形や大きさ、刃の研ぎ方まで違う。

その中でも超弩級の刃物料理道具が千枚漬用鉋セットだろう。それは幅広い白木のまな板状の鉋台の上に長い薄刃庖丁のような銑《せん》が斜めについている代物である。現物を手にとって

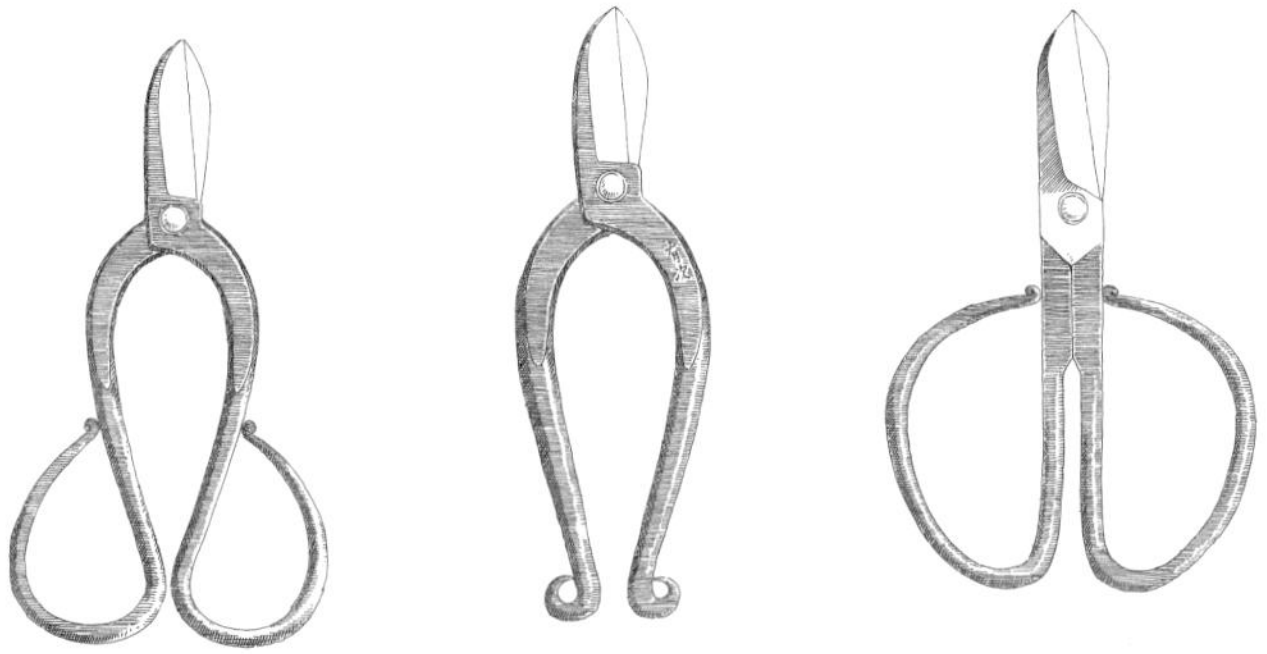

花鋏。左から、松月堂古流、池坊、専慶流。

見るのは初めてで、よく見ると原理はキュウリのスライサーと同じで、刃が7寸（約21センチ）の化け物バージョンと見た。

これについては十八代目当主である寺久保進一朗社長に説明していただいたのであるが、わたしは即座に、冬になると在阪テレビ局のCMで目にする、白い割烹着を着た職人の手元がクローズアップされる京漬物屋のシーンを思い浮かべた。蔵のような町家の薄暗い土間で、白くて丸く大きな聖護院《しょうごいん》かぶらをしゃっしゃっしゃっしゃと切るシーンだ。

「さすが京都ですね。千枚漬けをやってはる漬物屋、多いし需要があるんですね」とたずねた。

寺久保社長は間髪容れずに「違う、千枚漬け屋さんに納めてるもんとちゃう。われわれのこれは料理屋さん、一般の家庭が使うためのものです」と答える。「大阪者は近いのに京都のこと、知ってるようで知らんなあ」というぶっきらぼうな口ぶりだが、

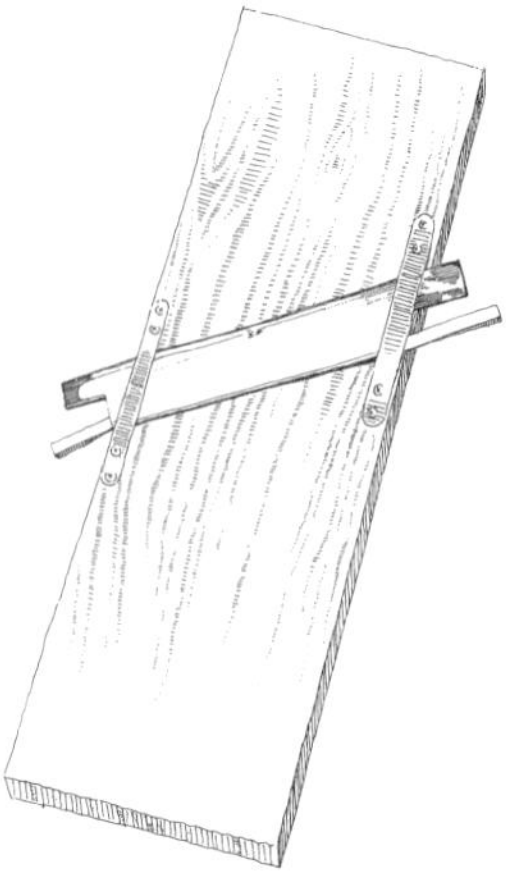

千枚漬用鉋セット。刃の両端のくさびで切幅を調整する。

「そこをわからんとあかん」という丁寧な説明だ。

「毎年、その日その時だけ。11月になって『エエかぶら出てきた』てそれを買うてきて、この道具を出してきて千枚漬けをつくって親戚縁者に配らはる。それが済んだらなおしてまう。そういう人がいはる。それが生き甲斐で、そういう風習のある家が残ってんねや」

ということだ。また、その家で育った娘さんが嫁に行って、かぶらの季節になると同じように千枚漬けを漬ける。そのための道具が必要になり、この千枚漬用鉋セットが作り続けられているのだろう。

「こないだも七十過ぎた祇園のおばあちゃんが『大根の切り漬けの庖丁をつくってほしい』て来はった。その人は冬の大根の一番ええ時期だけ、庖丁で細こう刻んでそれを漬けはってみんなに配る」

「それ庖丁ですよね」

「そう。ただの四角い庖丁やけど、三十年も四十年も使《つ》こたんと同じもんの新しいのを注文しに来はる。その人は祇園にいはんにゃけど商売人ちゃいます。一般の人です」

わたしは寺久保社長が仰る京都の「商売人」、つまり料亭の厨房にいる料理人や割烹の板前などには、雑誌の京都特集や料理グルメ本の取材編集を通じてこれまでさまざまな話をお伺いしてきた。それらはおおむね京料理がいかに美味で、素材や調理法が優れていることなどに終始するのだが、必ず出る話題に庖丁や道具を扱う［有次］との関係性があった。

その代表が「回り」と呼ばれる京都の伝統的なご用聞きのシステムだ。武田店長も四十年以上も前に［有次］に入って以来、祇園や先斗町をはじめとした料理店を毎日のように回り、道具が使われている現場を実際に見て理解し、時には現場のニーズをつかむことで料理人との信頼関係を獲得していったという。プロの料理人の過酷な使用に耐えるには、定期的な研ぎ直しはもちろん、柄を替えたり補強を施したり、ときにはチビて短くなった柳刃刺身庖丁を成形してペティナイフとして蘇らせるなど、その厨房その料理人にあったメンテナンスが日常的に行われている。

けれども普通の家庭においての、寺久保社長が言う「庖丁1本で三十年つながりが持てるのは有難いもんです」といった関係性はそれとは違うようだ。

「切り漬けの庖丁は、年に2〜3日しか使わないんやから、よほどへまな管理をしない限りは何代も残る。ちゃんと［有次］の刻印が入ったものが残る。『これでおばあちゃんが切り漬けしたんやで』とか言うて。そういうことで何年かに一遍は直しに回ってくるやろ。われわれのその出番は三十年後、五十年後とかかも知れんけど、末代まで伝わって行くというのは、ええもんでっせ」

庖丁なんぞ、どの家の台所にも2～3本あり、東急ハンズやスーパーに行けば10種ぐらいが透明の箱入りで売場にぶら下げられているありふれた調理道具だが、「有次」の「庖丁」はどうだろう。その庖丁は魚や野菜を切る道具として、とてつもなく違うものなのか。料理人は全てにおいてプロ仕様の良い道具を使っているはずで、その差異は細かいのだと思う。それらは後回しにすることにして、まず実際に家で使っている普通の人から聞いてみた。

第二章　親戚の家の３本

ネギが転がるねん

わたしの近しい親類に、料理がとびきり上手な60代前半の主婦がいる。河内生まれで河内育ち、加えて南大阪・泉州の旧い商店街に住んでいるという、生粋の「大阪のおばちゃん」である。

手の込んだシチューのソースは洋食屋のそれだし、天ぷらは街の天ぷら屋顔負けの揚げ具合だ。中でもイワシの〝煮《た》いたん〟（イワシの生姜煮）やトンカツといった「どこの家でもつくる料理」が抜群で、親戚中が「Ｋねえちゃんの料理はうまい。店やったらよう流行る」と声を揃える。

わたしは岸和田だんじり祭の祭礼を運営する町会の〝役《やく》〟を長くやっていて、毎年夏頃から祭礼が終わるまでは頻繁に実家に帰り、その際に時々Ｋさんの家に行って飲んだり食べたりさせてもらっている。もう何年も前のことだが、たまたま台所の吊り棚に置いてあるコップを勝手に取ろうとして、浅黒く鈍く光る庖丁に気づいた。普段ツヴィリングのステンレス庖丁を使っているわたしには、その庖丁はかなりぶ厚く重く刃渡りも長く見えた。

おお、さすが料理名人のKさんと思ったのは、その庖丁の平の部分に「有次」と渋く打たれた銘が入っていたからだ。だいたい情報誌の編集をやっているような人間はブランドものに弱い。加えてレストランや料理取材、グルメ系の誌面編集を長く経験したわたしなど、その庖丁に「有次」の二文字が凄んでいるだけで「おっ」となるのだ。そんなわたしは、「有次」の四角い銅網の豆腐掬いを持っていて、湯豆腐や鍋で使っては「これは大阪・千日前の道具屋筋でも売ってへん。やっぱりええな」などと悦に入っている。少々困った俗男だ。

「ねえちゃん、有次使てるん？」

「そやで」

「やっぱりよう切れるか？」

「ものすごい切れる」

何か切らせて、はいよ、と冷蔵庫からサラミを出してくれた。そのドライソーセージは直径4センチぐらいだったと記憶するがすごくよく切れた（切れ方とか切れ味とかは覚えていないが）。「あれ、これなんや？　よう切れるな」と言ったら、「そらそうやわ」と、家庭科でしか庖丁を持ったことのない男子中学生を相手にしているように笑った。

連載の取材をはじめてこのＫさんのことを思い出し、前もって電話を入れ、［有次］のことを書く仕事しているのだ、とあらかじめ告げて家を訪ねた。

Ｋさんは数年前にサラミを切らせてもらったその庖丁と、すらっと長い柳刃庖丁、短めの出刃庖丁をテーブルの上に置いて待ってくれていた。３本も揃っているのだ。

見覚えのある庖丁は腹の部分が黒くグラデーションになっていて、切っ先からアゴの部分までの刃の部分の幅１センチぐらいが光っていた。柳刃と出刃の和庖丁は刃と鎬《しのぎ》の両部分によく研がれた感のする光沢があり、買った際の箱もあった。３本の［有次］は３本とも約二十年使っている、とのことだ。了解も得ずにｉＰｈｏｎｅで写真を撮る。「さすがＫねえちゃんやな。ええもん持っとる」などと言いながら、２つの箱に貼られてある「特製刺身庖丁21㎝」「登録出刃庖丁12㎝」という小さなラベルをメモした。

どのようにして南大阪の主婦が、京都の［有次］の庖丁を使うことになったのだろう。

その前に使っていた庖丁は四十年ほど前の嫁入り道具の一つだった。学生の時から料理好きゆえ、庖丁や鍋、食器などが「好きだった」とのこと。新居には新しい庖丁と大皿小皿の洋食器一式４人分を持参した。庖丁は「堺のナントカいうとこの普通の庖丁で、これもよう切れた」。普通というのは肉も野菜も魚も切れる普段遣いの三徳庖丁のことだが、「ペナペナした今の庖丁みたいなんと違うよ」。その庖丁は近所の金物屋に「たまに研ぎに出していた」という。

夫の実家に戻り、姑と同居しだしたのは三十年ぐらい前だ。その庖丁は姑も使うようになったが、ある日商店街のイベントかなにかで数日貸したところ「なんか具合が悪くなって」、その後は使う度にこれは買い直さないとだめだと考えていた。

以前から噂を聞いていたり雑誌で見たりしていて、「一回使ってみたい」と思っていたのが［有次］の庖丁だった。が、錦市場の店は「板前さんとかばかりで、敷居が高いかなあ」と思ったと言う。錦市場から歩いてすぐの京都髙島屋に売場があるのを知っていたので、髙島屋に買いに行った、とのことだ。ちなみに東京は日本橋髙島屋、大阪は阪急梅田に支店がある。

前章でも書いたが、大阪人にとって京都の街は親戚の家に行くようなもんだ。ＪＲ大阪駅から京都線の新快速に乗れば30分で烏丸通七条に、梅田から阪急特急に乗れば50分で河原町通四条に着き、淀屋橋から京阪特急に乗れば50分で川端通三条で次が終点の出町柳まで行くことを知っている大阪人は、系統がややこしい市バスに乗ったこともあるし、中心部あたりなら地図を見なくても歩ける。飲食や物販など馴染みの店も多い。

「覚えてないけど、二十年もっと前ちゃうかな」

その際、買い求めたのが「上製厚打三徳牛刀18㎝」である。この有次製品の種類や名称など彼女は今も知らない。ただ髙島屋の店員さんは、庖丁の特徴から手入れの仕方、研ぎ方までとても丁寧に説明してくれて、「せっかくやし」ということで「高いのを選んだ」とのことだ。

早速、普段使っている庖丁をチェンジする。すると、

「あのな、ネギ切るやんか。ネギが転がるねん。前のよりちょっと重たいけど、重みで（食材が）落ちるねん」

という具合だった。Kさんの刻みネギ（もちろん青ネギ）は、鍋料理のポン酢やうどんの薬味として抜群で、香りからして違う。ちょっとお世辞気味にそのことを言うと、「あたり前やん」と言う。そういえばカツレツ、フライ物類の付け合わせのキャベツも本当に細い。

「細かく切りさえすればええというもんでもないやろけど」とうれしそうに笑う。

錦市場に行くと必ず京漬物を買って帰るKさんはしばしば京都に行く際に、「やっぱり欲しくなった」。三徳牛刀と同じように高島屋で今度は柳刃庖丁を買っている。同様に店員さんの話を聞いて「特製刺身庖丁21㎝」を選んだ。三徳を買ってから「半年ぐらい経った頃かなあ」とのことだ。

「イカの糸造りとか、そんなん好きやん。２〜３ミリ幅くらいに切るんやけど、やっぱり綺麗やとおいしいもんな」

この人は料理において「切る」ことがとてつもなく好きなのだろう。いや、刃物がよく切れるなら、「切る」ことは誰でも楽しいはずだ。

続いて「登録出刃庖丁12㎝」を買ったのは「それも刺身庖丁の半年後ぐらいちゃうかな」

ということだ。「イワシとか、よく煮《た》くから買った」とのことだ。この庖丁をKさんはイワシやアジなど小魚を扱い慣れた地元泉州のおばちゃんっぽい言い方で「アジ小出刃《こでば》」と呼んでいる。

大阪市から大阪湾沿いに南へ、堺市を分ける大和川を越えて海沿いに和歌山まで広がる泉州地方は、昔から「魚庭《なにわ》」として知られる良好な漁場で、古墳時代にはすでにイイダコ漁が行われていた。今も堺の出島から南へ岬町の小島まで、大阪湾沿いに約20の漁港が点在している。「大阪産《おおさかもん》」キャンペーンを展開している大阪府環境農林水産部発行の『特選魚庭の魚』を見ると、新鮮な「手手噛《ててか》む」（手に噛みつくように活きのいい）イワシや地域ブランドになっている「泉だこ」やガッチョ（メゴチの一種）、シャコ、ガザミ（ワタリガニ）、トリ貝など豊富な魚介が調理法とともに紹介されていて、地元の魚屋やスーパーに並ぶ。

だからこそ、この小型の出刃庖丁の出番が多いのだ。

「イワシは頭切り落とすやろ。それから腹を斜めに切ると、刃先に自然にはらわたがついてくる。いい庖丁やね」

と、ごきげんである。

一通り説明を聞いて、「ちょっと使わせて」と三徳牛刀を手に取る。まな板をテーブルにもってきて、また前回と同じく冷蔵庫からサラミが出てきた。庖丁はほんとうに重い。ダイニングの椅子から立ち上がって切ろうとする。

「！」。スパッと切れる、とはよく言ったものだ。「洋庖丁は押す、和庖丁は引く」とかの技法レベルではない。庖丁全体を下ろしてちょっと力を入れるだけで、硬いサラミが真っ直ぐに切れるのだ。４〜５回も切るとその凄さがわかってくる。「ネギが転がる」というのもわかる。切るというより、置くというだけなのだ。これならオレもきっとネギを細かく、繋がらないで切れそうだと思う。

「うわあ、よう切れるな。研いでるんか」

「ハサミ用の砥石で研いでる」

姑さんはその昔、長く洋裁をしていて、裁ちバサミの砥石が家にあったらしい。

「１カ月に１回ぐらい？」

「もっともっと。おかしいな、思たらすぐ研いでる」

「かっこええな」

「手、切るで」

いきなりそう言われてやっとやめる。庖丁は喋りながら使うものではない。実際料理上手で知られるＫさんも、何回も手を切ったらしい。とくにアゴの部分が「ぼさっと切ってたら危ない」とのことだ。人参など野菜も切りたかったが、そこで止めておいた。

鋼の刃物としての庖丁

庖丁という料理道具は、自分のものが果たしてどれだけ切れるのかは、他人の庖丁を使ってみることでしかわからない。

20代の一人暮らしが長かったわたしは今も小魚を捌いたり、チャーハンの具を細かく切ったり、カキやリンゴの皮を剝いたり、器用に庖丁を使う方だと思う。数えると三十年は使い続けているヘンケルスのツヴィリングは、「どうせ買うなら」といいヤツを買い、刃を入れて引くだけのシャープナーも併せて買った。数年前、京セラのローラー型シャープナーに替えてからは、一層よく切れるようになって、そうなると楽しくて1カ月に1回ぐらいは刃先を研ぐようになる。

結婚して妻も「よく切れる」とわたしのツヴィリングを使うようになっている。友人の家で鍋をする時、エノキを切るのを手伝おうと、その家の庖丁を手に取った。いつもそうしているように袋ごとそれを切ろうとして、「なにこれ、切れへんな」と言うと、庖丁の代わりにハサミを渡された。

そんなことを思い出して、オレの庖丁はまんざらでもないと思っていたが、Kさんの「有次」の三徳牛刀は、わたしの「切れる」どころのレベルではない。むちゃくちゃ切れる。

それについてはちょっと痛い話がある。「主婦は自分の庖丁が切れるかどうかについての認識がない」と言う、40代の主婦兼ライターの話だ。

裕福な「医者の嫁」である彼女の一家は、先ごろマイホームを新築した。その祝いに友人が手製の鯖のキズシ（締め鯖）を持ってきた。早速「じゃあ、切るわ。座っといて」と庖丁を出してきて、キズシを友人の前で切った。

「切れへん庖丁やな。ぐだぐだになってるやん。キズシか何かわかれへんやん。せっかく上手く作ってきたのに。いい庖丁買ったろか、あんた」

そう言われて、初めて自分が使っている庖丁について気がついた。その日はティファニーのナプキンリングにミントンのランチョンマットを揃え、白いユリの花を飾って「万全のおもてなし態勢で」友人を迎えたはずなのに、恥ずかしいと思った。高い食材も友人の手料理も庖丁が台無しにしている。切り方もそうだが皿の盛りつけも鯖の青い背が見えずにべたっと寝転んでしまう。うまく行かないのは、切り方盛りつけ方が下手なのではなく、庖丁が「切れない」からなのだ。

彼女は京都育ちで、実家では祖母も母も庖丁や玉子焼き鍋など「有次」を使っていて、買うなら有次だと思っている。けれども買い換えていない。「まあいいか、研げないし」と思っているからだ。庖丁は結構惰性が強い道具である。

もう一人、有次の話をしていると、その庖丁を使っていると飛びついてきた若い女性が身近にいた。彼女は半年前に結婚したばかりだが、その際に母の友人のおばさんから「お祝いに、なに欲しい？」と訊かれた。母は「それなら有次の庖丁を買ったげて」と横から口を出した。それで結婚祝いにペティナイフ12センチと三徳牛刀18センチを貰った。庖丁の表側の中程には「平常一品　有次」と製品名が、その裏側には「菜々子」と自分の名前が彫られている。箱には「いつまでも切れぬご縁」との願いを込めた碁石が添えてあり、「高級なよく切れる庖丁で、ええもんなんや」と母親が言葉を添えた。

ありがたく頂戴して新婚家庭に持ち込み、その切れ味に「すごいなあ」と思うものの、すぐに刃の部分が黒く錆びて切れなくなった。「なにこれ？」とそのまま「放ったらかし」にして、独身時代に旦那が使っていたステンレス製の庖丁を使っていた。「ハガネがどうとかステンレスは錆びないとか、そんなのわかりませんけど」ぐらいの認識だ。

後日、実家に帰るとおばさんが来ていて、「あれ使ってる？」と訊かれる。当然「錆びたので使ってません」とは言えない。おばさんが帰った後、彼女は実家にあった砥石を貰って新居に帰った。

プレゼントの箱の中にあった研ぎ方の図解を見て研いでみる。すると今までトマトが「皮をひっかけて切る」という具合だったのが、「スパッと切れる」ようになった。キュウリも「ころころと転がる」。切れる庖丁というのはこういうことなんだ、と知った。今や「あれ、おかしいな？　と思ったら研ぐ」ようになった。切れ味について「おかしいな」という言い方は南大阪のKさんと同様の言い方で、切れる庖丁に対しての信頼感の指標のようだ。

庖丁、「有次」と違うんや

地元・京都の家庭で「有次」はどう使われているのだろう。

「中京《なかぎょう》・下京《しもぎょう》の家の人はほとんど使ってますよ」と言ったのは前出の痛い話の主婦兼ライターだ。彼女は同志社女子高校、同志社大と進んだ。その友人たち京都の40代主婦の取材をいくつか披露する。

下京区の実家が染色工場の主婦は、十五年前に結婚し、大阪府北部・高槻に住む。5人姉妹で育った家は「それこそ有次ばっかりで、庖丁なんか山ほどあった」。雪平鍋から豆腐掬いまで「有次」で、祖母は「安《や》っすい雪平鍋、使《つ》こてる家なんかに嫁いだらあきません」と孫たちに言っていた。なので結婚時には家の「有次」の料理道具を「ごっそり持たせた」。この京都のお祖母さんは百歳を超えて健在とのことだ。

中京区の古美術商の同級生も当然のように「有次」の庖丁ほか料理道具を使っている。実家で記憶にあるのは、庖丁よりも優れもののおろし金であり、「これですった大根はちょうどええあんばいや」と父はいつも言っていた。

最後に同志社女子高時代の「持ち寄りパーティー」でのまことに京都人らしい話がある。「みんなで料理を作って食べる」、そのパーティーの会場は洛西《らくさい》ニュータウンのお家だ。京都市の西のはずれにある洛西ニュータウンは、70年代に計画された京都市の大規模新興住宅地のハシリである。

料理をつくろうとその家の庖丁を手に取った同級生の一人が、「あれ？ 庖丁、有次と違うんや……」と言った。「ほんまや」とみんなが不思議がった。庖丁といえば地元の老舗の大ブランドである［有次］であり、それ以外は邪道というのが京都なのだ。しかし高校生にしてすでにえらいイケズな言い方である。

さらにその同級生は［有次］でない庖丁で野菜を切って、「でも、よう切れるやん」と言った。別に悪気はないのだろうが、さすが京都人、「ぶぶ漬け」文化の世界だ。大阪人のわたしからすると、「『でも』はないやろ。ほんまエゲツないイケズな言い方やなあ」である。

毎回取材のマクラに、Kさんの3本の庖丁の写真を見せたり、そんな［有次］使用者の話を寺久保社長と武田店長にすると、大変面白そうに話を聞いてくれる。わたしの親戚のKさんが二十年以上使っている三徳牛刀については、写真をまじまじと見て、「ちょっと砥石がゆがんでいる可能性がある。たまにうちに里帰りや思て修理に出したほうがいい。形が変に歪んでしまわないうちにちょっと修正すると長持ちするから」という伝言があった。

お二人が口を揃えるのは、庖丁の切れ味のことではなく、庖丁に対する日々の〝お世話〟と定期的な〝研ぎ〟の重要性である。

良い庖丁というのはよく切れる上に、切れ味が長く持つというのが一番である。切れ味を決定するのは研ぎであるが、その前に毎日のお世話が重要だ。これまで客に何百回、何千回としてきた武田店長の説明は、聞いていて気持ちがいい。

有次の扱う庖丁は鋼《はがね》すなわち鉄である。鉄は錆びる。だから毎日使い終わったら、錆びないようにクレンザーを使って磨いて欲しい。

「何も難しいことない。簡単に言うたらタワシにクレンザー、いわゆる磨き粉ですね。それをつけて、庖丁をまな板の上にきっちり置いて、刃の方向へ汚れを落としてやれば結構です。刃の方向に向かうというのが大事です。ここは一方通行で。外国の人にはワンウエイ言うてますけど。裏返してやっぱりワンウエイ。まずこうして磨く。そして水道の水で洗う。

濡れていてもやっぱり困りますから、乾いたタオルあるいは布巾でしっかりと拭いてあげる。早く片付けたい気持ちはわかりますけども、ちょっと乾かして。乾かして、言うたら食器乾燥機に入れはる人がいますけど、それは刃が傷みますから、自然乾燥で片づけてもらうと。それで切れ味がうんと延びます」

当主・寺久保進一朗社長の話は、もう少し射程が長い。

「大げさに言うたら、ええ鋼の庖丁は人の性格をも一変させるような作品なんですよ。ずぼらな性格の人が、よい刃物、庖丁を使うことによって、お世話をすることが好きになる。お世話をしてやることによって、道具が喜んで役に立ってくれるから、余計またお世話したくなる。その姿を見ている子どもたちは素直ないい子に育つということになりますわ、方程式でいくと」

良い庖丁は家の財産であり、命を守る料理をつくる大切な利器である。だからこそ、毎日の〝お世話〟すなわち〝手入れ〟をする気持ちになる庖丁を使いなさい。庖丁屋はそのように一生懸命言わないといけない。それはお客の日常の生活の態度まで、少しでも向上させるような部分を目指してるということになる。

使い終わって片づけるときに「ありがとう」と言って磨きなさい。するとますます道具として自分の手に馴染むようになる。そうなると錆びさせるなんてことは絶対ないし、長持ちし、愛着も湧いてくる。また毎日使った後、庖丁をクレンザーでぴかぴかに磨くと、そばにある鍋や食器など「これも汚れているな」と気がついて同様に磨くことになる、そのあとまな板やシンクまで残りのクレンザーで磨くことになるからキッチン全体が清潔になる。

そういう家庭の日常は、料理もまずかろう悪かろうはずもなく、子どもや孫に良い影響を与えるはずだ、ということである。

また、もう一段階上のお世話すなわち〝研ぎ〟については、［有次］のスタッフ全員に性別年齢状況を問わず、「ちゃんと研げること」を義務づけている。「刃物というのは、研いで初めて世の中に道具として送り出せるもん」だからだ。

客が新しく庖丁を購入する際、必ず〝道具〟として最良の状態にもっていくために目の前で研いでから渡す。客は長く待たされることになるが、プロの客なら刃の仕上げの好みを聞き、丹念に仕上げ数日後に渡すことも多い。もちろん日々の「お世話」については、必ず店員が懇々と説明する。

［有次］が庖丁屋としてもっとも力を入れているところであり、「庖丁1本で親から子へ、三十年もつながりが持てるのは有難い」という思いだ。そこには京都に来てショッピングして買って帰り、これは便利で優れているとか、ブランドがお洒落でトレンドだとか、そんな消費者的立ち位置の頭上をスイッと越えてしまう、生活を支える伝統的な〝道具〟というものに対しての確かな商い感覚がある。

「(購買時に) 刃物屋がお客さんに、〝鋼ですからせめて月に1回は研いどくれやっしゃ〟と言うて、その場で研ぎ方をお伝えせなあかん。これを今までの刃物屋はしてこなかった。ましてや〝素人に研ぎ方教えたら、研ぎを持ってくる人が減る〟ていうような、これはもう私の親父の時代の話ですけど。けれども今は、もっとひどくて、売ってる人間がよう研ぎよらへんから、お客さんに教えるもくそもない。そういうのは刃物屋の風上にも置けんと思てます。しかしながら、残念ながらそういう時代になりました。が、せめておれとこだけは、ステンレスとかそんなんは売らへん。鋼の庖丁のみ」

このあたりに、京都で四百五十年頑なに鋼の刃物造りを続けてきた［有次］の看板の重みと誇りがあるように思える。

商品として［有次］に並ぶ庖丁はその入口にすぎない――実際に行けば感じるが、店頭に陳列されている庖丁は、商品としてまったくファンシーな手触りがない。リボンをかけてもらって贈り物にするヨーロッパのキッチンウエアに感じるような、「かわいい」というインターフェイスがこれっぽっちもなく、道具としてなんだか凄んでいるだけなのだ（そこに美しさがあるのだが）。

その入口からさらに広く、深く和庖丁の世界を開いているのが、［有次］で行われる『庖丁研ぎ』『魚のおろし方』『料理』の3つの「教室」だ。

開講三十年を数える『庖丁研ぎ』教室」は、年々回数が増え、毎月3回開かれている（定員5人、参加費2千円）。それでも半年待ちだ。

この日、錦の店舗の2階に集まった受講生は、三重県と神奈川県からの主婦、岡山県からの若い夫婦の4名。「鋼の庖丁だったら何でも可」というスタンスなので、一般的な三徳庖丁や牛刀の洋庖丁、柳刃、出刃と何でもありだ。

「これ、半年前に買いました」と［有次］の三徳牛刀「平常一品」を見せる岡山の若夫婦は、もう1本「母が使ってた三十年前のものですが、東京の木屋と書いてあります」と全体が黒くくすんだ18センチの三徳庖丁を持参。

「あまり使ってませんが」と、7寸（約21㎝）のプロ仕様の柳刃庖丁を持ってきたのは神奈川の主婦だ。他店の庖丁も歓迎の姿勢は、さすが老舗というべきか。

講師の［有次］のスタッフ南昌吾さんは、両刃と片刃の研ぎ方の違いを説明して、実際に研ぎをする受講者の手を取りながら一人ずつ丁寧に指導する。仕上げ研ぎが終わり、各自スポンジタワシにクレンザーをつけてまな板のうえで庖丁を磨き、その後まな板、シンクを磨いて終了。見ていて気持ちがいい。

岡山県の夫婦の男性は、「研ぎをマスターしたいです。［有次］の庖丁は、〝吸い込まれるように〟切れますね。ステンレスの庖丁と切れ具合が違うんです。ネギを押しつぶすように切ってましたが、すっと線を引くというか、切るとはこういうことなんだと思いました」と研ぎ上がった刃を見ながらご満悦だ。

一般の主婦向けに月1回第1金曜日に行われている『魚のおろし方』教室」（1日2回、定員各10人。参加費は材料費込みで5千円）は二年待ちである。12月の教室には、京都、茨木、大阪、芦屋、三田、神戸と京阪神各地から主婦が集まった。

この日は冬らしく「松葉ガニをおろす」。いきなり甲幅15センチぐらいの立派な松葉ガニが配られる。但馬の津居山港に揚がったばかりの一級品だ。あらかじめ各自に、まな板と［有次］定番の出刃庖丁セットが準備されている。

「今日は15分ぐらいで終わります。早よ持って帰って食べて下さい」といきなり笑いを取る講師は、［有次］のすぐななめ向かいの高級鮮魚店［まる伊］のご主人、伊藤孔人《よしひと》さん（70

歳）。「教えて三十年ぐらいになるかな。その頃は毛もふさふさしてました」。話すにもサービス精神が旺盛なところが市場の魚屋さんらしい。

［有次］の出刃庖丁や柳刃刺身庖丁は、基本的にプロ仕様にできている。というより、普通の主婦が出刃庖丁を握ってカニを捌き、食べやすいように脚に庖丁を入れるということはしない。鶏肉も料理バサミで切るような時代でもある。

三田の主婦が教えられる通りに、おそるおそる出刃庖丁を握ってカニの脚を切り離す。左利きなので裏表逆の左利き用の出刃庖丁が用意されている。「結婚するときに母に教えてもらった金物屋さんで、三徳庖丁と刺身庖丁、出刃庖丁を買いましたが、刺身と出刃庖丁は全然使わなかった。第一、左利き用の庖丁があるなんて知りませんでした」と話す。

けれども家で［有次］の牛刀を使い始めて、それがきっかけで『魚のおろし方』教室に参加した。「キャベツをまるごと横に切るときなんか、それは気持ちが良いですし千切りも味が違いますよ。鍋の材料なんかたくさん種類があるのでほんと楽しい」。以前使っていたヘンケルスの庖丁と違うのは重さで、重いからこそ使いやすいとのことだ。

「『研ぎ方』教室」も受講した神戸の主婦は、出刃庖丁を持っていない。「近くの魚屋で捌いておろしてもらってますから。それを刺身庖丁で切るんだけなんです。その庖丁はそんなに長くないものですが」と、捌いて食べやすくなった松葉ガニをプラスチックのケースにきれいに並べている。「出刃庖丁も買おうかな、と思いますね」と笑う。

庖丁を「使うこと」の入口がうまく開いていて、切ることの楽しさ、心地よさといった奥行きがしっかりと体験できる。今回はカニだが、もちろん鯛や鯖、ヒラメも捌いて身をおろして刺身を引きたくなる。１回参加すると次も、というようになる。だから規定は一人５回まで。やってみるとすぐわかるのだが、スーパーでパック入りの切り身や刺身を買って帰るのではなく、自分でまるごと一匹捌いて食べるのはまったく違う体験だ。心が躍る。

しかし元来、和庖丁はそのために生まれた道具なのである。

第三章　［有次］のルーツをさぐる

御所出入りの小刀屋弥次兵衛

［有次］は刀鍛冶「藤原有次」として、永禄三年（１５６０）に創業している。

永禄三年といえば戦国時代まっただ中で、「桶狭間の合戦」があった年だ。大軍を率いて尾張に攻め入った今川義元に対し、織田信長が本陣桶狭間を急襲し、総大将義元の首を取ったという壮絶な合戦である。

戦に明け暮れていたこの時代は、さぞ刀の需要も多かっただろう。

［有次］の創業地は「松原堺町下ル町」、現本社事務所所在地の「下京区堺町通松原下ル鍛冶屋町」だ。「松原」すなわち「松原通」は東西の通りで、東端が清水坂に重なり、その突き当たりが清水寺だ。松原通は平安京のメインストリートの一つであった「五条大路」つまり五条通にあたる。

あの有名な牛若丸と弁慶出会いの五条大橋はこの通りにあり、鎌倉時代までは清水寺橋と呼ばれた参詣橋だった。その後、豊臣秀吉が天正十八年（1590）に、それまでの六条坊門小路に五条大橋を移したことから、この小路が五条通にとって替わったのだ。

［有次］本社事務所がある松原下ルには「鉄輪井戸」が現存する。頭に3本の蠟燭をつけた鉄輪をかぶり、口に松明《たいまつ》をくわえ、丑の刻に向かうは貴船神社……、の安倍晴明がらみのおどろおどろしい鬼女の伝説は、松原通から堺町通を南へすぐ［有次］本社事務所への途中に「謡曲傳示　鐵輪跡　鍛冶屋町敬神會」の石碑があることから、ここで生まれたのだとわかる。十八代目当主・寺久保進一朗さんは、町内25軒の鍛冶屋町敬神會の一人で、そのメンバーが毎日順番に鉄輪井戸の掃除にあたっている。

「鉄輪井戸は結構お参りが多いんです。今ではですね、自分とこの娘に変な男が付いて、これをうまく別れさせたいという親のお参りが一番多くて……」と語る。

その「鍛冶屋町」の鍛冶屋の様子は寛永十四年（1637）の洛中絵図にみられる。また貞享二年（1685）の京都地誌である『京羽二重』の鍛冶所の項には、「剃刀 小刀 はさみ」鍛冶所として［有次］の名が記されている。「貞享」は元禄直前の元号だ。この時代は江戸に先がけ京・大坂の上方町人文化が花開き、地元で地図や観光案内書が出版されだしたハシリの頃である。

錦市場の［有次］の店内に入ると、左壁は奥まで一面ガラスのショーケースになっていて、中にはびっしり並べられた庖丁が凄んでいるが、その一番奥の棚に、御所出入りの鑑札がひっそりと置かれている。

ちょうど将棋の駒を大きくした形の天地19センチ×左右15センチ、厚さ18ミリの木製の鑑札には、表書きに右から「日本鍛治宗匠家門人　藤原有次　御用鍛冶壹人」と墨書されている。真ん中に書かれた「藤原有次」の「有次」の名前がとりわけ大きくて太い。

裏には中央に大きく「三品《みしな》近江守記下」、右上に「慶應三丁卯正月改」という日付、左下に「堺町松原下町　小刀屋弥次兵衛」との住所名前が書かれている。

「有次」の広報担当の小山周治さんによると、この鑑札は「当時、御所に出入りできた限られた鍛冶職の中にあって、身分を証すものであり、その技量からも選ばれし鍛冶屋としての許可証みたいなものだったのでしょう」とのことである。

鑑札に書かれた慶応三年（1867）は、京都では坂本龍馬と中岡慎太郎が河原町通四条の近江屋で暗殺された有名な年だ。10月に十五代将軍徳川慶喜による大政奉還があり、12月に明治天皇が王政復古を宣言している。

したがってこの鑑札は、明治政府が確立され、禁裏つまり皇居が東京に移るすぐ前に「改」められた、すなわち更新されたものなのだろう。

「有次」のルーツを表す「藤原」は姓である。裏書きにある「三品」は京都の日本鍛冶宗匠家であり、西洞院竹屋町（堀川丸太町のすぐ南東）に居住していた。その「三品家門人」の鍛治職が［有次］であり、「堺町松原下町」の「小刀屋弥次兵衛」だということが読み取れる。

土方歳三の愛刀「兼定」が同門

その頃、京都で恐れられていた新撰組副長の土方歳三の愛刀は「和泉守兼定」だと知られている。この名刀の鍛造および和泉守の拝領官職名には、三品家が関係している。

刀剣研究家の米山雲外氏によると、十一代和泉守兼定となる会津（古川）兼定は、藩主松平容保《かたもり》のお抱えの刀鍛冶であった。文久二年（1862）京都守護職として着任した容保は、新撰組を指揮するようになる。

翌、文久三年、27歳だった兼定は容保の命により上洛し、鍛冶宗匠三品近江守宅で御用細工に携わった。江戸時代になって泰平の世が長く続き、刀の需要が減った会津の名門鍛冶刀匠家は、ようやく幕末の混乱期の京都で檜舞台に立つことを得て、数多の実戦用刀剣を作刀したのである。

ちなみに十一代和泉守兼定は美濃国関兼定の子孫といわれている。なかでも有名な「兼定」は「之定（のさだ）」（「定」の「疋」部分が「之」となっているものを指す）銘を切った二代目和泉守兼定であり、武田信虎や柴田勝家、明智光秀など多くの戦国武将が愛用した。

十一代兼定につながる会津の兼定家は、三代目兼定が秀吉と家康の天下が入れ替わる慶長年間に奥州に移り住み、会津刀匠においては最も古い名門となった。奥州の伊達政宗の抑えとして配置された戦国の猛将・蒲生氏郷の刀鍛冶として会津に同行したともいわれている。そしておよそ二百七十年後、二代目兼定と同じ「和泉守」を受領した十一代目兼定が、幕末の刀匠として時代の寵児となった。

十一代兼定が京に出て三品家で腕を振るうこと5カ月の文久三年（1863）十二月、三品近江守は鍛冶宗匠家として御所に罷《まか》り出て、兼定が「和泉守」を名乗ることの勅許を申し出、それが受領され正式に「和泉守兼定」となった。

先の米山氏はこのように詳細に記している。その刀には「和泉守藤原朝臣兼定」の銘が刻まれているものが多い。

またこの十一代和泉守兼定が最後の兼定となった。慶応四年＝明治元年（1868）の戊辰戦争で会津藩は敗れ、さらに明治九年（1876）の廃刀令施行がこの刀匠の家職を奪ったのである。

東京・日野市の土方歳三資料館に歳三佩刀《はいとう》の和泉守兼定（市指定有形文化財）がある。幕末に量産された2尺3寸1分（約70㎝）の定寸の新々刀で、「慶應三年二月日」との裏銘が見える。ちなみに歳三の子孫で館長の土方愛さんによると、十一代兼定の「定」銘はすべて二代と同じ「之定」が切られ、「兼」のほうは和泉守を拝領する前後で切り方が変わるという。

その「慶應三年二月日」は、すでに紹介した［有次］の鑑札「三品近江守記下」の右上に書かれた「慶應三丁卯正月」とまさに同じ時期であり、兼定と有次は同じ三品家門下の鍛冶職として活躍していたことがはっきりとする。

　この「三品近江守記下」は、「和泉守藤原朝臣兼定」同様に、「藤原有次」が「三品近江守」として拝領した官職名であろうか。米山氏の記述にもあるように、鍛冶宗匠三品家当代も同じ「近江守」で、これは藤原有次と三品家のどちらを指しているのかまぎらわしいのだが、いずれにせよ御所に出入りするには「○○守」や「○○介」といった受領官職名が必要で、武士階級以外の町人では、刀鍛冶や菓子職人などが例外としてそれを拝領していた。

　禁裏出入りの［有次］についての十八代当主となる寺久保進一朗社長の説明は、さすがに長い歴史を誇る老舗だけに、とてもユニークでリアルである。

「［有次］は三品家の弟子やったんやけど、御所に出入りさせてもろてたこの時分は、刀ではなく小刀をつくってたんやろ。小刀屋弥次兵衛の時代がずっと長かったんやと思う」

　宮中では文字を書きつけるための木簡《もっかん》（簡札などのさまざまな木札）が使われてきた。この木簡を削ってつくり、書いてはまた削りするための小刀を［有次］がつくってきたのだ。

　また京都は今に伝わる「ものづくり」すなわち伝統工芸の都でもあり、武具や弓、竹刀《しない》を削る、煙草の煙管《きせる》や筆の軸をくり抜く、仏像を彫刻する……など、小刀や彫刻刀といった工芸品制作の道具としての刃物の需要があった。逆にいうとそれらの刃物がさまざまな伝統工芸を支えていた。いろいろな大きさの切出小刀やくり小刀はもちろん、仏師用の彫刻刀や能面用小鋸《このこ》、竹ひご抜き、篆刻刀《てんこく》など、さまざまな伝統工芸職人が使うプロ仕様の道具だ。それらの刃物はもちろん鋭利なものが優れているに決まっている。

今なお［有次］の一番奥のガラス棚に、くだんの鑑札と一緒にそれらが陳列されているのは小刀屋弥次兵衛へのオマージュのようだ。

「京都の仏師小刀やいろんな職人が使う刃物は、日本国じゅうに発信され流通していました。まあ、今の京料理の世界と一緒で、京都で修業した弟子たちが里帰りして、京の鍛冶屋町の［有次］の小刀はよう切れる、仕事がはかどると。そういうことで、小刀彫刻刀をたくさんつくって全国に［有次］の小刀が行き渡ってるんやと、（祖父の）12人兄弟の末子にあたる大叔父《おおおじい》さんから聞いてました。この小刀などの刃物は明治のちょっと前までのものが多いです。もちろん庖丁もやってましたけど、それがメインになったのはずっと後々《あとあと》です。小刀はそもそも刀と同じで、表面の様子も色も刀そのもの。まさに刀鍛冶がたたらの玉鋼《たまはがね》を使って鍛造《たんぞう》してたもんです」（寺久保社長）

たたらの玉鋼

現代と違って溶鉱炉がない時代、鋼すなわち刃金は古式製法の「たたら」製鉄で造られていた。その鋼で最も刃物に適した素材が「玉鋼」である。

玉鋼を生む「たたら」製鉄は千年以上の歴史を持ち、敗戦後長く途絶えていたが、昭和五十二年（1977）島根県東部中国山地にある奥出雲町に復活した（その大変な苦労は、「NHKプロジェクトX」『千年の秘技 たたら製鉄 復活への炎』として番組になっているほどだ）。それが「日刀保（日本美術刀剣保存協会）たたら」であり、玉鋼は今やここでのみ製鉄され、文化庁に認められた全国の「刀匠」に供給されている。もっぱら日本刀づくりの伝統と文化を守るためである。

古代より良質な砂鉄が豊富で、それを原料にした「たたら」製鉄による玉鋼の長い伝統を持つ出雲地方は、庖丁はじめ高級刃物用鋼の代名詞となっている「安来鋼《やすきはがね》」の生産地である。近代的な日立金属安来工場がつくる刃物鋼《こう》は、不純物を極力低減した純粋な炭素鋼の「白《しろ》紙《がみ》」、タングステンやクロムを加えて熱処理特性や耐摩耗性を改善した「青紙《あおがみ》」、それに錆びにくいステンレス系の「銀」といった製品が知られている（「ヤスキハガネ」も「白紙」「青紙」「銀」も日立金属の登録商標である）。［有次］の庖丁も、多くがその「白紙」や「青紙」を使ったものだ。

この出雲安来地方には、あまたに有名なスサノオの八岐大蛇《やまたのおろち》伝説がある。スサノオが酒に酔わせた八岐大蛇を斬ったとき、その尾から三種の神器のひとつとなる草薙の剣を取り出した。その神秘の剣こそが出雲の玉鋼につながる。

日立金属のHPに掲載されている『たたらの話』を見ると、原料に地元中国山地の砂鉄を使い、木炭の燃焼熱によってその砂鉄を還元し、鉄を得る方法の「たたら製鉄」について、写真図版入りで詳しく説明されている。外来語だと推測される「たたら」という語は、朝鮮半島からの製鉄技術とともに伝来されたもので、古代朝鮮語では「もっと加熱する」、ダッタン語の「タタトル」は「猛火」、サンスクリット語で「タータラ」は「熱」であることから、「強く熱する」という意味であるということなど、興味深い記事が読める。

中沢新一さんは、文化人類学者として1990年11月、この八岐大蛇伝説の舞台になる斐《ひ》伊《い》川の上流にある島根県吉田村（現雲南市）の「鉄の歴史村」主催のシンポジウム「人間と鉄」で、たたら製鉄についてこう語っている（講談社学術文庫『東方的』に収録）。

「タタラ師は、崖や川床に露呈した砂鉄を採集したり、地中から鉱石を掘り出そうとしてきました。つまり、大地の中に眠っていたものを、地表に露出させ抽出するわけですから、ここでは技術は、大地の中に自分の手を差し込み、そこから何かをつかみだしてくる行為を、おこなっているわけです。その行為は、神話的な想像力に富んだ人々にとって、きわめて刺激的なものだったろうということが、容易に想像できます」

「つぎに製鉄の技術者は、地面を掘って、そこに炉を築きます。そして、火と風と土によって、そこを大いなる変成の場所とするのです。ふいごが風を送り、火を煽り立て、炉の内部は大変な高熱を発生するようになるでしょう。地面をすこしだけ掘り下げて、そこに築かれた炉は、地球を裏返しにして、大地の中心部を地表に持ち出しているわけです。そこで、砂鉄や鉱石は、溶解して、ふたたび金属流にもどるのです。砂鉄や鉱石として、いわば『凍結された大地の強度』として、とりだされたものが、タタラ師の炉の中で、純粋な高エネルギー流動体にもどされ、それは炉の下部に灼熱した銑《ズク》となって、集められてきます。火を止めて、冷却された炉が、突き壊されます。すると、そこにはきわめて純度の高い鉄が鉧《ケラ》として、あらわれてきます。（中略）それは、大地の龍の体内から刀をとりだした、あのスサノオの神話的な行為を思いおこさせます」

鉧は鋼の元になる鉄塊であり、叩いたり伸ばしたりして鍛錬することが出来、しかも焼きを入れて硬くすることが出来る。この鉧を使い、今度は腕利きの鍛冶師によって鍛造された鋼は飛躍的に切れる刃金になるのだ。鉧の良質の部分が、もっぱら刃物の最高峰である日本刀に使われる玉鋼であり、それは平成の現代も中世も刀匠だけが使える鉄素材だ。

刀は無理や、小刀にしとき

まさにその「そこらで売ってへん。お上が管理していた、たたらの玉鋼」（寺久保社長）を［有次］が小刀やほかの製品に使っていたのは間違いがない。往年の［有次］の小刀や彫刻刀には「正《しょう》」との刻印を有するものが多い。

「玉鋼は刀鍛冶（三品家）の弟子やないと手に入れへん。後に鉄と鋼をあわす鍛接《たんせつ》技術によって貴重な鋼の量を減らすことができたけど、『正』と打ってあるのは玉鋼だけでつくられた刃物、という正真正銘の印やと思う。まあ溶鉱炉が出来てから、鋼はがらっと変わりましたけど」（同）

玉鋼だけで鍛造する刃物、それは今、日本刀だけである。わたしがとくに、これはおもしろいなと思った社長の話は、刀鍛冶としての［有次］についてである。

「高校を卒業した時分（昭和三十年代初め）に、大叔父ちゃんのまわりで『［有次］がつくった刀が世に現存してる』『だれそれが持っていた』とか、ちらっと聞いたことがある。けれどもおれは、多分そんなんない、と思うわ。

先祖のだれかが（日本鍛冶宗匠家の）三品さんから、（腕利きの）先輩がたくさんおるから、おまえは刀（で競争していくの）は無理や、小刀にしとき、と言われた。しかし弟子として三品の親方に出入りしていたから、ええ玉鋼を使えてたんやろ」

［有次］は正真正銘の禁裏御用の刀鍛冶だが、小刀専門でやってきた。

まことに素っ気ないというか、肩すかしをくらわせられるような話だ。けれども和菓子や京漬物、着物や焼き物、あまたある伝統工芸などを含めた京都の老舗として、長い時代をくぐり抜けた［有次］の家風は、そのように太刀や脇差しをやたら振りかざすことのない軽妙なものかとも思う。応仁の乱、幕末の新撰組の禁門の変や戊辰戦争で京都は荒れたが、そもそも禁裏御所をいただく雅の都に、合戦や乱において人を殺める刀剣はふさわしくない。

それと同時に［有次］製品に同封される小さな栞《しおり》に「有次十八代孫　店主敬白」と記す寺久保社長が、自らを必ず「庖丁屋」と称するとき、［有次］が刀から小刀の鍛冶として長い時代を何代も重ね、四百年あまりを経て、ようやく「庖丁屋」に成っていったことがひしひしと感じられるのだ。

寺久保社長が「ものごころついた頃」には、［有次］はすでに「庖丁屋」に転換していた。実際の鍛造による切り出し小刀やくり小刀、彫刻刀といった刃物づくりは、先代の仙之助氏が堺町通松原下ル鍛冶屋町の仕事場で「一人でこちょこちょと（刃物づくりを）やってた程度」だった。その中にはもちろん特注の庖丁の類もあったが「親父から昔の仕事のことを聞いたことはひとつもない」。けれども鋼の質を見極めたり、それを刃物にしていく技術の良し悪しは、直に見たり手伝ったりしたから当然わかる。鍛冶職人の世界が、そこにはかろうじて存在していたのだ。

「昭和三十年代になってやね、後を継いで、うちともう一軒最後まで鍛冶屋をやってた12人兄弟末子の大叔父のとこに、それこそ二日に一回は挨拶に行ってた」

本家を継いだ寺久保社長は、祖父・寅之助氏の一番下の弟にあたる勇三氏から、それ以前すなわち明治から戦前の［有次］のことをぽつりぽつりという具合で聞くことになる。

祖父・十五代目の［有次］には12〜13人の職人がいた。［有次］があった鍛冶屋町には、自分の家を含めて5軒の鍛冶屋があった。京都の刃物問屋では「有次のつくった小刀が、がさっとあった」とか「みんな持ったはった」。「知り合いの鍛冶屋が小僧時分に、問屋に『つくった小刀、買うてくれ』言うて持っていったら、『見てみ、うちに［有次］山ほどあるわ』言われて帰ってきた」。

そんな小刀・彫刻刀で一世を風靡した［有次］の時代があった。しかし時は進み、とくに戦後、煙管屋がなくなり、一番多かった筆屋も少なくなり、弓屋も竹刀屋も……と移り変ったように、かれら職人の道具としての刃物の需要が一気になくなった。

いつのまにか堺町通松原下ル鍛冶屋町の鍛冶屋は、［有次］を含めて全部絶えてしまった。

第四章　庖丁屋としての［有次］へ

築地の牛刀と京都の和庖丁

「庖丁は、まだそんな古ない」

［有次］十八代目当主の寺久保進一朗社長はぶっきらぼうに言う。

［有次］で庖丁が主力商品となるのは明治から大正にかけてのこと。永禄三年（1560）創業という歴史から見ると、確かに古くはない。とはいっても優に百年は超えている。

「小刀屋弥次兵衛の有次」から「庖丁の有次」として、そして「鍛冶屋」から「庖丁屋」へと一大転換したのは、筆や煙管、弓や竹刀をつくる職人の仕事が一気に減ったこの時代だ。

「いつまでも小刀・彫刻刀ではあかん。そう思っていたんやろ」（寺久保社長）という、当時の［有次］の身内の事情も大いに関係していた。

明治時代の［有次］十五代目、寺久保社長の祖父・寅之助氏は12人兄弟だった。そのうち男は9人。

「兄弟が多いから、京都では北はだれ、南はだれ、真ん中と鴨川から東を分けて……というように、商売がかち合わんようにエリアを分けてた。そのうちの2人が大正の初め頃、狭い京都の市場から出るべく東京へ行った。庖丁屋として、進出したんや」

その頃、文明開化の名のもとに西洋化が進んだ東京では洋食が流行中だった。牛や豚の肉の文化である。そんななか牛刀を日本で初めて鍛造したという（源）正金《まさかね》はじめ、東京や横浜には肉を切るための両刃の新しい洋庖丁をつくる鍛冶屋、それを扱う庖丁屋が増えていた。

そういう時代に、鍛冶屋として類まれな歴史を誇る［有次］に生まれた9人の男兄弟のうち2人が、庖丁に対しての目利きを東京で発揮し、時代の流れに乗って牛刀で成功した。これが現在、ふたつ系統がある「築地有次」のルーツだ。創業大正七年（1918）といえば、米騒動が起こり大正デモクラシーまっただ中の時代だ。

「子どもの頃は、すき焼き言うたら、京都ではまだ鶏でした。肉（牛）はお盆が明けたときだけ」。そう語る寺久保社長の幼少期の頃より四半世紀前の話だ。京都ではまだまだ東京のように牛刀の需要は少なかったものの、東京の有次が「庖丁屋」として成功していたことは刺激となっていた。

その頃、鍛冶師・沖芝吉貞氏による、柳刃、出刃、薄刃庖丁といった伝統的な和庖丁を、［有次］が扱うようになっていた。この沖芝家との関係は、親・子・孫の三代を経て、現在の庖丁屋［有次］を決定づけるものになっている。

京都の名だたる料理人、錦市場のフグ専門店や鰻屋などのプロの間で「よく切れる」「一生使える」と絶賛される［有次］の庖丁の名声は、長年かけて獲得された。それは堺の鍛治師である沖芝昂《のぼる》さん（84歳）が鍛造した、数々の庖丁によるものであるといっても過言ではない。

沖芝昂さんは堺の伝統工芸である打刃物《うちはもの》の庖丁名匠として知られる。平成二十二年に厚生労働省から「卓越した技能者『現代の名工』」の表彰を受け、平成二十四年に「多年打刃物鍛造仕上工としてよく職務に精励したこと」について黄綬褒章を授与されている。

その昂さんの父であり鍛冶師匠であったのが吉貞氏だが、すでに明治から大正の初期には京都で［有次］の庖丁を鍛造していたのだ。

「ちょうど、庖丁屋に変わろうとしていたわれわれのお祖父さん兄弟と、その沖芝の親父さん（吉貞氏）とが同世代ぐらいでね。粟田口（東山区）に住んでて、毎日毎日うちに来て、あでもない、こうでもない、とやっていた。一番下の大叔父《おおおじい》さん（勇三氏）からはそう聞いています」（寺久保社長）

というリアルな話がそれだ。

堺へ行った村上水軍の刀鍛冶

堺の名工・沖芝昴さんの父祖たちの歩みも、日本刀の歴史に大きく影響された刀鍛冶の系譜ならではで興味深い。

沖芝一門はもともと室町時代からの村上水軍の刀鍛冶で、応永の頃（1394〜1428年）より広島県東部忠海《ただのうみ》に在住していた。忠海は平清盛の父忠盛が海賊を退治した功績からこの地を賜り、「忠」の名前を冠した古い港町だ。戦国時代には水軍城の賀儀《かぎ》城が築かれた。村上水軍が石山本願寺、毛利軍に与し、織田信長軍を大阪湾木津川口の海戦で破った猛勇ぶりは、最近では和田竜氏の『村上海賊の娘』（新潮社）にリアルに描かれている。その後一門は毛利藩御用刀匠として長年作刀にたずさわり、沖芝昴さんの祖父にあたる沖芝要吉正次氏の代になって明治時代を迎える。

正次氏は広島から備前長船《おさふね》へ行く。長船は鎌倉時代から数々の名工を輩出してきた刀剣の聖地である。そこからさらに京都・粟田口《あわたぐち》へ。平安末期から名刀匠を生んだ土地で、後鳥羽上皇時代の太刀「粟田口久国」は国宝であり、家康遺品として有名だ。

正次氏は明治期にその粟田口で日本刀を打ち、「平安城《へいあんじょう》」という銘を切った。古来よりの刀剣伝法の五カ伝「大和伝」「山城伝」「備前伝」「相州伝」「美濃伝」のうちの二流の刀剣鍛錬の秘法を直接経験したのであろう。刀づくりにかけては、並々ならぬ熱意を示している。

前章、会津十一代和泉守兼定のところでふれたように、幕末混乱期の京都で実戦用刀剣として新々刀は生産拡大したが、明治維新を経て発せられた廃刀令は、武士のみならず鍛冶師から一気に刀＝仕事を奪った。まさにその転換期に作刀を志していたのが、沖芝昴さんの祖父・正次氏なのである。

そのような時代のなか、正次氏の兄・沖本国忠氏（正次氏は子供の頃に沖本家から沖芝家に養子に行っている）は、すでに明治の初めに広島から堺に移り、刃物鍛冶として庖丁などを鍛造していた。

その子二代目国忠の国明氏は昭和九年（1934）、堺化学工業が開発したチタン合金を東北帝大の本多光太郎博士の指導で刃物にした。「堺の名工沖本国明が鍛えたところ、果して立派な大業物が出来上り、塩水にひたしてもさびず、普通の鉄をやすやすと切れるという凄い切れ味が明らかになり」「各地から注文品頻々として」「堺にまた一つの名物が生れ」たと当時の大阪毎日新聞が報じたパイオニアだ。

けれども、前述のように国忠氏の弟の正次氏は、明治期に京都の粟田口で作刀を含め刃物鍛冶をしていた。とはいっても庖丁など打刃物に関しては堺が本場である。鍛冶、刃付け、柄製作といった高度な分業による打刃物製造システムがすでに完成していたし、鋼や軟鉄といった材料はもちろん、鍛造や焼き入れのためのコークスや炭の入手は、いち早く近代工業都市になった港町の堺が圧倒的に有利だ。

「京都ではモノはつくっても仕上げはできない。つまり刃付け師がいないということや。材料のこと、仕上げのこと、柄のこと。こちらでは仕事がはかどらないので、それで（沖芝家は）堺へ移ったというわけや」（寺久保社長）

大正時代になり、沖本・沖芝一門としては一世代遅れて、沖本国明氏と同代の子・沖芝吉貞氏が、このように京都から堺に結局移ることになるのだが、寺久保社長の祖父らの男兄弟は、地元京都・粟田口時代の吉貞氏に庖丁の「仕事を出していた」。［有次］が鍛冶屋から庖丁屋として変わりつつあるタイミングだ。そして明治四十五年（1912）生まれの父・寺久保仙之助氏が、引き続いて堺へ移った沖芝刃物製作所へ発注する。この流れは戦後、そして現在まで続いている。

［有次］の柳刃庖丁などのプロ用高級和庖丁は、事情通には「メイドイン堺」ということで知られているが、なるほど「元は京都や」（寺久保社長）という言葉も頷ける。

堺に移った沖芝吉貞氏、そして昭和四年（1929）堺で生まれたその子、昂さんは、一流の板前垂涎《すいぜん》の「本焼き庖丁」の名人として知られている。本焼き庖丁は本来、玉鋼だけを使い日本刀を作刀するのと同じ焼き入れ技術を要するので、実際に刀匠の傍らについて技術を伝授されるしかない。まさに室町時代の村上水軍の刀鍛冶に遡る沖芝一門、一子相伝の技術なのだろう。

仁徳天皇の古墳時代より鋳物師や鍛冶が活躍していたとみられる堺であるが、意外にも日本刀の作刀技術は伝承されていない。刀剣をつくる名高い刀匠は出ていないのだ。戦国時代の鉄砲、そして徳川時代初期「堺極《さかいきわめ》」印で幕府専売品として一世を風靡した煙草庖丁が、現在の打刃物庖丁の技術の基礎となっている。

全国で「庖丁といえば堺」と定評になったのは、享保年間に煙草庖丁で他の産地を圧したこの「堺極」ブランドがあってのことである。非常に硬くて切れ味鋭く石でも割れるとのことから「石割《いしわり》庖丁」と称されたほどだ。

堺打刃物による和庖丁の特徴は、鋼と極軟鉄の2つの素材を合わせたところにある。だから焼き入れをして硬く変化した鋼の部分が鋭利な（それゆえ、もろい）〝刃金〟となるうえ、焼き入れしても軟らかいままの極軟鉄の〝地金〟が、庖丁そのものに「粘り」を出している（折損したり曲がったりしにくい）。さらに実際にものを切る刃先の部分が地金に守られるように露出しているので研ぎやすい。そういう利点がある。

簡単に説明すると、その工法は極軟鉄の地金に硬い鋼の小片を載せ赤く焼き、それを槌《つち》で打って「鍛接《たんせつ》」する。その地金と鋼の2層の鉄を打ち延ばし、庖丁の形にして、最後に焼き入れ（800℃前後に熱して水に入れ急冷）をする。

一方、本焼き庖丁は硬い鋼のみを鍛錬する。焼き入れは軟鉄の地金がないので、泥を塗り分けることによって刀身に焼きを入れる部分と入れない部分とを分ける。これは日本刀と同じ工法の高い技術が必要であり、泥の配合が秘伝、家伝たるゆえんである。それ次第で微妙な刃紋が表れるのだ。

その庖丁はすべて鋼だけゆえ硬く、よほど熟練した調理人でないと研ぎにくい。しかしうまく研ぐと切れが長持ちするし、何より客の前で庖丁を握りその切れ味と腕前を披露する割《かっ》烹《ぽう》や鮨屋の板前にとっては、本焼き庖丁の日本刀様の刃紋は一つのステイタスなのである。

ちなみに、客の前で板前がパフォーマンスよろしく新鮮な刺身を引き、美しい野菜を切る……といった庖丁捌きを見せる割烹スタイルの料理店は、大正十三年（１９２４）創業の大阪・新町廓の［浜作］が嚆矢《こうし》である（『カウンターから日本が見える――板前文化論の冒険』伊藤洋一著・新潮新書）。新町の［浜作］はすでにないが、その系譜は現在も銀座本店［浜作］、京ぎをん［浜作］と引き継がれている。

割烹は、昭和初めには、座敷で楽しむ料亭の料理に対して、新しく「腰掛け料理」「板前料理」「庖丁専門料理」などと呼ばれていた。当日仕入れた食材を品書きにしたり、客の求めに応じて料理をする割烹は、和食料理店の世界を一新し、腕利きの板前があちこちで引っぱりだこになった。「庖丁一本さらしに巻いて」の花形職人のシンボルとしての堺の高級和庖丁は、すぐ隣の大阪の板前のニーズによってぐっとレベルが上昇し、この時代になるとほかの産地の追随を許さないものになっていった。当時大阪は東京を凌ぐ人口と産業の「大大阪時代」であり、食い倒れの町は、「食の都」としてますます興隆していたのである。

その「食の都」はすぐ南の都市・堺によって支えられてきたのだともいえる。すなわち堺港にあがる名物の鯛をはじめとする魚介、そしてそれを捌く出刃庖丁、おろした身を刺身にする柳刃庖丁は、ほんのわずかを除いてすべて堺製だったのである。

料理人と客がカウンターを挟んで対峙《たいじ》する、大阪発祥の割烹スタイルの料理店は、昭和に入って東京をはじめ全国を席巻していった。その流れは戦後も続き、近年になってオープンキッチン・スタイルとして仏伊料理にも取り入れられ人気となっている。

けれども宮中の有職料理、寺院の精進料理、茶道の懐石料理など、比肩するもののない歴史を誇るのが京料理であり、１５６０年創業の［有次］からすれば、割烹スタイルの流れのなかの庖丁は、「まだそんな古ない」のである。

ともあれ、大正になって京都から堺へ移った沖芝吉貞氏は、鋼と軟鉄を合わせる堺の伝統打刃物の庖丁の世界に、刀剣づくりの高い作刀技術を持ってきて、それを息子の昂さんが受け継いだのであった。

「いま〝本焼き〟は沖芝さんがやってくれてるんだけども、ほかの職人さんでは、ちょっとできない」（寺久保社長）

まさに堺に日本刀の技術を持ってきた刀匠沖芝家伝来の名工の技である。そしてすでに美術品に変わっていたとはいえ、その優れた作刀技術を和庖丁に生かせると見抜いた［有次］は、地元京都の京料理のプロの世界で、圧倒的な評価を得るようになる。

新しい牛刀は東京、そして関

和庖丁は、魚を捌く出刃庖丁、刺身を引く柳刃庖丁、野菜を切る薄刃庖丁と用途別に分かれている。対して洋庖丁は「牛刀」と呼ばれているものの本来はシェフズナイフ、汎用の便利な庖丁である。牛肉を食べる文化がなかった日本人が、新しく入ってきた西洋料理＝牛肉、そう連想して牛刀と呼んだという説もある。その違いは、基本的には刃の付き方の違いであり、和庖丁はスイカ切りや寿司切りなど特殊なものを除いて片刃、洋庖丁は両刃である。見かけでいえば、和庖丁は片刃ゆえ裏表があり、表だけが刃先から平の境目の鎬《しのぎ》の部分まで真っ直ぐ角度がついた幅広の切刃が目立つのに対し、洋庖丁は裏表対称のV字型の刃がついている両刃であり、切刃の部分が和庖丁に比べてずっと狭い。

また柄も、朴の木の柄に庖丁の根元の部分の中子《なかご》（柄の内部に納まっている部分）を差し込んで口金で押さえている和庖丁に対し、洋庖丁は柄と一体の形になった中子を2枚の板で左右から挟み込み、2〜3個の鋲《びょう》で固定している「ハンドル」である。

洋食が家庭に入り込み、肉も魚も野菜も切るようにつくられた「三徳庖丁」は、高度経済成長期に日本で生まれた庖丁だが、両刃の牛刀から派生したものだ。この三徳庖丁の便利さ使いやすさは欧米でも受け入れられ、ヘンケルスやウイストフといったメジャーなメーカーの製品には、牛刀を逆に三徳庖丁のようにデザインしたSANTOKU KNIFEと称される日本由来のモデルがある。

［有次］の主力製品の一つである上製や特製の「三徳牛刀」や「ペティナイフ」も基本的にこの三徳庖丁の機能を持ち、これらは東京の牛刀職人がつくっている。製品ルーツは東京で独自の市場をつくり出していた築地［有次］。「東京で商売した大叔父さんの兄弟のうちの一軒、そこが頼んでいる職人さんのものを、そこの紹介で」ということで出来た。［有次］で扱われる洋庖丁の「牛刀」シリーズは、東京でつくられているのだ。いうなれば堺の和庖丁、東京の洋庖丁というラインアップである。「歴史は浅い。昭和三十一年（1956）、わたしの代になってから」と寺久保社長は語るが、それでも六十年近く前の話だ。

本来、精肉店や洋食、西洋料理のプロ向きにつくられているのが牛刀だ。三徳牛刀にしてもペティナイフにしても、その牛刀のフォルムを少し変えたり小ぶりにした庖丁だから、かなりの製品だ。値段も高い。第二章で登場したわたしの親戚の主婦が使う「上製厚打三徳牛刀18㎝」もそうだが、ヘンケルスなどのモリブデン鋼やステンレス製の庖丁に比べ、鋼製であるからゴツくて重くてもの凄く切れる。ただしこれらの庖丁は、すべて鋼で出来

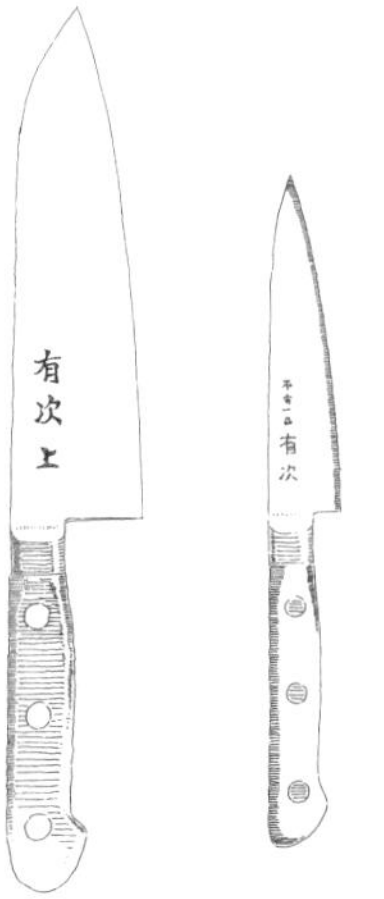

三徳牛刀（上製）とペティナイフ（平常一品）。両刃がつけられる。

ているから日々の「お世話」つまり手入れと、定期的な「研ぎ」が必須だ。

現在「メイン（商品）に近づいている」（寺久保社長）というのが、岐阜県関市でつくっている「平常一品」「和心」の新しい2つの製品ラインだ。これらは切れ味のよい鋼の刃を、錆びにくいステンレスで挟み込んだ構造の両刃洋庖丁である。切刃は鋼つまり鉄だから錆びるのでやはり手入れは必要だが、一般の家庭ユーザーにとっては断然扱いやすい。

「平常一品」シリーズは刃の形状から持ち手のハンドルまで完全に洋庖丁スタイルのそれで、牛刀、三徳牛刀、ペティナイフの3種類、そしてそれぞれ大小の大きさがある。

もうひとつ「和心」シリーズは同様に両刃であるが、持ち手となる柄は朴の木を使用している和庖丁のスタイルだ。ちなみに京都を代表するイタリア料理の［イル・ギオットーネ］のオーナーシェフ笹島保弘さんは、本来家庭用であるこの「和心」シリーズの刃渡り15センチの小さな「和ペティ」を「小出刃」と呼んで、「魚を捌くのにとても使いやすい」と愛用している。

この2つのラインは同じ関でも違った職人の手によってつくられている。それぞれの庖丁には「有次」という銘が大きく入り、シリーズ名はそれに添えるかたちで小さく入っている。「平常一品」はほかの［有次］の洋庖丁に打たれる端正な文字デザイン。「和心」は出刃や柳刃刺身庖丁といった和庖丁に切られる銘の文字意匠になっていて、京都ブランドにふさわしいいずぼ抜けたデザイン感覚だ。「和心」シリーズだけで現在、「月に８００本ぐらい出ていってる」（寺久保社長）。一年にして約1万本。ものすごい数である。また「とくに木の柄がついた庖丁やから、外国の人に一番喜ばれる」シリーズだ。

これらの庖丁が製品化されたのは約十五年前。関の産地問屋がサンプルを売り込みに来たのを七〜八年くらいかけて吟味した。それは「ほんまに大丈夫か」ということであった。「減っていって、減らしていって、錆びさせて、欠けさせて……家庭で奥さんが三十年使わはっても、最後まで面倒をみられるな、というものでないと」（寺久保社長）という［有次］の商売哲学の反映だろう。京都の古い割烹、たとえば第一章でふれた祇園［橙］の山村さんなどは、［有次］の柳刃庖丁を三十年も使って「研いで研いで、ちびてちびて、ペティナイフになって使ってる」。そういう庖丁が［有次］の製品である。

いろんな飯を型にする物相型《もっそう》や抜型、銅製卸金《おろしがね》など一般ユーザーに人気が爆発した商品を含め、現行の［有次］製品のなかで、こと庖丁に「ヒット商品」や「ブームに乗ったもの」はない。基本的に「庖丁に変革はない」という考え方をしているからだ。

「われわれが庖丁屋をやるずっと前、二百年前ぐらいから、出刃は5寸が標準や、ということになっていた。料理庖丁は変わってへんねや」（寺久保社長）

人間が手に持って、ものを切るのに、形を変えようと何をしようと、結局はそのようなアレンジは必要がない。あるいは、庖丁が一番使いやすい型になったら、それが究極の〝用の美〟になる。そういう見方だ。

「庖丁をさかのぼると、昔からちゃんとそういう理屈があるんや。人間の身体の構造上、要は使いやすくて疲れなくて作業が続けられるというのが、道具の一つの要素だと。庖丁という商品を長く扱ってるとわかるが、そういうような（革新的な）ものはない。柄の色を変えたり、ガラ模様を入れたり、穴開けたり、そんなん考えとる人いっぱいおるけど、アホかいなと思う」（同）

だからこそ同様に古来からの鉄の利器にこだわる。昭和三十年代以降ステンレス製の庖丁が流布し、それこそ人口の何倍もの庖丁が製品として世に出ていった。

「研がんでも一生切れますよ。そういう宣伝でいろんな庖丁を売ってきて、それでものが悪かったら客は買い直す。その庖丁は引き出しに眠らせることになる。錆びもせんと放ったらかし。地球のゴミや。鋼が一番切れることを知ってる庖丁屋のやることやない。鉄は錆びて溶けて地に還る」（同）

そう京都の庖丁屋が語る、鉄のみで鍛造される和庖丁。

長い打刃物《うちはもの》庖丁の伝統と、世界一切れる刃物を生み出す、ずば抜けた腕を持つ職人集団を訪ねて、堺へ行くことにする。「ものの始まりみな堺」という言葉がある、茶の湯も線香も、鉄砲も庖丁も自転車も生み出した堺――。フランシスコ・ザビエルを受け入れた自由自治の環濠都市、呂宋助左衛門たちの南蛮南方貿易の港として栄えた歴史がある場所だ。

第五章　［有次］と堺

鉄砲量産がつくった堺の分業体制

［有次］の和庖丁が〝メイドイン堺〟であるという事実は、案外知られていない。［有次］の京都ブランドとしての印象があまりにも大きいからだが、十八代当主の寺久保進一朗社長の父仙之助氏、伯父寅蔵氏、祖父寅之助氏の四代、百年以上にわたり［有次］の庖丁をつくり続けてきたのは「堺打刃物《うちはもの》」の伝統と技術である。それは伝統的な鍛冶仕事——鉄を打って鍛造する「打刃物」であり、洋庖丁や両刃の三徳庖丁のようにプレス機で鋼を型抜きする「抜刃物《ぬきはもの》」とは区別されている。

寺久保進一朗社長は、ことあるごとに堺へ足を運ぶ。［有次］の和庖丁がすべて堺の伝統工芸である打刃物職人の工房でつくられているからだ。

けれども寺久保社長の堺行きは、ビジネスマンの「商談」という感覚からは遠い。それは

「商品仕入れ」というのでもないし、訪問先が「取引先」でもない。子どもの頃の家業として記憶に残る鍛冶屋の仕事。それを確かめるように沖芝刃物製作所に沖芝昂《のぼる》さんを訪ねる。

そして堺でもう一軒、こちらは刃物製造卸の大江商店である。大江商店は「堺の産地問屋」だ。産地問屋はその地場の小さな生産者からの製品を集め、ほかの地域の得意先店舗に卸す商いだ。西陣織や有田焼といった伝統工芸の生産地には必ず産地問屋があり、この大江商店の場合は、京都に店を持つ庖丁屋［有次］とその製品をつくる堺の打刃物職人をブリッジする役割をしている。

たとえば得意先の刃物店から、鮪《まぐろ》を捌くための刃渡り３尺（約90㎝）の庖丁を、という注文が入った際、どの鍛冶屋でどんなものを鍛造し、刃付けはどこの職人にどんな仕上げで、柄はどんな具合で……、という生産地でのコーディネーターの役割を果たしている。

ただ［有次］の場合、沖芝昂さんが鍛造する庖丁だけは「直《ちょく》」、すなわち産地問屋を通さない直接のオーダーである。刃付けも同様の直であり、最後に出来上がった庖丁に柄を取り付け、店に並ぶ製品にする作業は［有次］の店舗と事務所で行っている。

わたしはこの取材の中盤に入った２０１３年正月７日、月曜日の仕事始めの日に、寺久保社長から「堺へ新年の挨拶に行くし、ちょうどええ、一緒に行こ」と言われて同行した。最初に沖芝刃物製作所、次に大江商店を訪ね、そこから社長の大江章雅さん（48歳）のクルマに寺久保社長と同乗させていただいて、沖芝さんの鍛造品の刃付けをしている野村祥太郎さん（72歳）の仕事場、柄製作の辰巳木柄製作所の順で、お二人に付いていくかたちで訪問した。寺久保社長は訪問する軒数分の新年挨拶の手みやげを持っていた。

堺の伝統工芸である打刃物による庖丁づくりは分業制になっている。すなわち「鍛冶屋」が庖丁を鍛造し、「刃付け屋」が刃を付ける。刃を付けるというのは鍛冶屋で鍛造した半製品を研いで磨いて庖丁という製品にすることだ。柄は「柄屋（えぃや）」、これもまた別の柄づくり職人が製作する。そして通常は、3つの業者や職人をアレンジした「産地問屋」が、刃付けされた庖丁に銘を切り、柄を取り付けて完成品にして出荷する。これらのベースはどれもほぼ手仕事で、だからこそ大量生産は不可能だ。

それぞれ専門の技術を持つ腕利き職人の小規模なユニットの組合せこそが、庖丁という一つの商品を作り上げ、堺の打刃物産業を支えているのだ。堺市産業振興局商工労働部ものづくり支援課によると、現在堺市での庖丁鍛冶事業者は17、研ぎ事業者26、柄製作者が5である。堺独特の分業生産体制による高い技術が、「京都ではあらへん。鍛冶屋が打ったとしても、京都ではよう仕上げん」（寺久保社長）ということなのだ。

ちなみに堺のほかの伝統的な打刃物の庖丁産地には、三木（兵庫県）、土佐（高知県）、越前（福井県）、関（岐阜県）、越後（新潟県）などがあるが、そのほとんどが一貫生産だ。

この堺打刃物の分業体制は鉄砲製作の伝統を引き継いでいる。火縄銃つまり鉄砲は、天文十二年（１５４３）にポルトガルから種子島に伝来したと知られているが、堺商人・橘屋又三郎が即座に種子島を訪れ、製法と使い方を学んで帰った。又三郎は平安時代から鋳造・鍛造の高度な技術が伝わる地元に戻り、鉄砲づくりに励む。これが日本で鉄砲がつくられるようになった「はじまり」であり、時代の先端を行く精巧な鉄砲は新兵器として諸国の戦国大名に売りさばかれ、又三郎は「鉄砲又」と異名を取った。

のちに信長がいち早く堺を直轄地として手に入れようとしたのもこのためで、信長の天下統一への歩みも堺の鉄砲がなければ成しえなかっただろう。家康の発注した日本初の大砲も堺製で、紀州根来から堺へ移った17世紀の鉄砲鍛冶芝辻家の記録には諸国からの鉄砲の注文四五三五挺とあり、堺全体で年間1万挺以上を生産していたとみられる。

16世紀後半に日本で生産された鉄砲の数は、ヨーロッパの当時の全鉄砲数に匹敵するといわれている。さらに1カ月でそれらの一年分を量産できたと考えられる堺の鉄砲づくりは、鉄の銃身、引き金や火蓋のからくり、木製の銃床、銃身に施される象嵌や彫金などの装飾まで、それぞれ専門の職人の分業体制が確立しているからこそ可能であった。

戦国大名から大量の鉄砲を発注された堺商人は、職人たちを組織しそれぞれのパーツの大きさなど規格を統一して、別々の職人がつくっても製品として組み立てることができる「部品互換方式」によって需要に応えた。まるで現代のトヨタの分業制による自動車生産のようだ。

また銃身の鍛造は、鉄を板状に叩き延ばし、丸棒に巻き付けて合わせ目を接合するのだが、これは打刃物と同じ技術だ。この技術が庖丁鍛造の発展に寄与したことは言うまでもない。庖丁製造の分業は鉄砲のそれよりももっと単純であるが、堺刃物工業協同組合理事長を長年務めた池田辰男さん（74歳）は、「分業による鍛冶の職人と研ぎの職人の切磋琢磨、腕の見せ合いが互いの技術を磨いている。どうしても一人で鍛冶と研ぎをすると仕事に甘えが出てくる」と言う。さらに「堺の打刃物業界は、丁寧な多種少量生産が基本。庖丁でも出刃専門、柳刃や薄刃庖丁をつくる薄刃屋、それと両刃の庖丁を専門とする鍛冶屋に分かれている」と、庖丁鍛冶だけでも分業が細かくなっていることを指摘する。

出刃庖丁と与謝野晶子の堺

魚の頭や骨を叩き切り捌くための出刃庖丁、身を引き切り刺身にする柳刃庖丁は、いずれも「菜刀《ながたな》」つまり菜切り庖丁から生まれているが、宝暦四年（1754）の『日本山海名物図会』巻之三には「堺庖丁」のページがあり、「出刃・薄刃・指身庖丁・まな箸・たばこ庖丁。いづれも皆名物なり」と記されていて、江戸時代中期にすでにいろんな用途の庖丁が堺では製造されていたことがわかる。

なかでも出刃庖丁は、それより半世紀前、上方町人文化が花開いた元禄時代には完成していたと言われる。これは大阪湾に臨む堺の名産であった桜鯛を捌くため専用に出来た庖丁といってもいい。硬くて大きな鯛の骨を断ち落とすための重みと厚み。もちろん刃は鋭利でないといけない。鎬《しのぎ》の部分まで大きく角度を付けられた切刃は、鎬筋を鯛の太い骨に沿わせて滑らせれば、骨にくい込まずに容易に身を離すことができ……と、当時の鍛冶屋や刃付け職人が工夫をこらしてつくり、一つの新しい庖丁のモデルとして食文化の歴史に刻んだものだ。

『堺の伝統産業』（堺市経済局工業課／昭和60年）によると、出刃庖丁は天和三年（1683）にはつくられており、起源については同年の『堺鑑』の「その鍛冶出歯の口元なる故、人呼んで出歯庖丁と云えり、今に至る迄子孫絶えず」を引き、出っ歯の鍛冶職人がつくったから「出歯の庖丁」であり、それが「出刃庖丁」の名称の起源になったと書く。

この話は四代目笑福亭松鶴の持ちネタの落語『近江八景』に、もっとリアルな形で登場する。

大道易者が前に立った一人の男に言う。「お前さんは泉州堺は九間町《くけんちょう》、商売は庖丁屋、名前は信田であろうがな」「へェー、ずばり当たりましたが名前までどうしてわかりますんか」「そんなことわからんでどうする、お前さんの歯は出っ歯で下駄は薄歯だ、名前はお前さんが持っている雨傘に書いてある」。

堺の町衆はこういう「おもろい話」をわいわいと話すことがことのほか好きだ。その最上級は「嘘みたいなほんまの話」である。

この出刃庖丁は今や、それ専門の庖丁鍛冶が打ち、刃付けは出刃を得意とする刃付け師が行う。柳刃庖丁や本焼きのフグ引庖丁、ハモの骨切庖丁もしかり。

使用する目的ごとに分化された堺の打刃物庖丁は、すぐとなりの大都会・大阪の〝食い倒れ〟に鍛えられ、さらには雅を旨とする京料理によって洗練され、ついには和食の世界を進化させていく。

堺製の庖丁は、現在そのシェアが全国で一ケタ台に落ちているが、和食の世界では違う。「料亭や割烹、鮨屋などのプロは90％以上が堺製打刃物庖丁を使っている」（堺刃物商工業協同組合連合会理事長の信田圭造さん）のだ。

厚生労働省の「現代の名工」であり黄綬褒章を授与された沖芝昂さんの「沖芝刃物製作所」は、鍛冶、刃付け、柄製作の打刃物職人の工房が集まる町にある。

昭和五年（1930）に先代の吉貞氏がつくった自宅兼仕事場の所在地は、堺市の北西部、堺区南向陽町1丁。すぐ西の阪神高速道路堺線の高架をくぐると、与謝野晶子が卒業した大阪府立泉陽高校がある。泉陽高校の北には「堺へ帰りたいと泣いた」信長の蘇鉄と、森鷗外が小説にした幕末の「堺事件」で有名な妙国寺があ

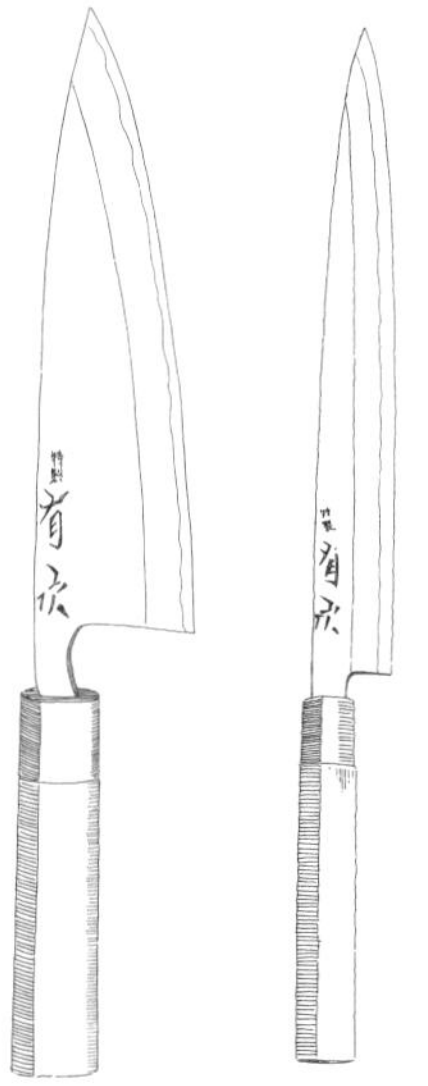

出刃庖丁。柳刃刺身庖丁。
幅広の片刃が特徴。

り、そこからは神明町《しんめいちょう》、九間町、柳之町、錦之町、綾之町、桜之町、北旅籠町と続く。

この七町を旧紀州街道と二筋西の「中浜筋」が貫いている。晶子自身が明治四十二年（1909）、「住の江や和泉の街の七まちの鍛冶の音きく菜の花の路」と歌った町で、この中浜筋両側七町に限って江戸幕府から「堺極《さかいきわめ》」印付きの煙草庖丁製作が許されていた伝統の鍛冶屋町だ。

旧紀州街道を戦後大幅に広げた大道筋と堺市のメインストリートであるフェニックス通りの交差点、宿院《しゅくいん》（すぐ近くの宿院頓宮は住吉大社の御旅所）の中央分離帯に立てられている立派な石灯籠は、天保五年（1834）住吉大社にその鍛冶職人らが献灯したもので、「左海たばこ庖丁鍛冶」（傍点著者）と大きく刻まれている。相当の財力を誇っていたのであろう。

ちなみに与謝野晶子の実家は、大阪から暖簾分けした老舗和菓子屋［駿河屋］であり、大阪より新鮮でうまい魚が入る堺に移り住んだ食道楽の家系だったという。晶子自身も相当のグルメで、大阪湾の鯛やハモを好んだ。晩年に東京で長男の妻が小鯛を買ってきて煮つけて出すと、「わたしが育った堺は明石鯛というのが食べられ、目の下何寸といって買った。東京でいう小鯛は鯛ではない。鯛というものは少なくとも目の下四、五寸はあるものです」と言った。［五郎鯛］という魚問屋を営む叔父のところに、晶子が3歳ぐらいのとき預けられていたことがあり、魚とりわけ鯛にはうるさかったことが窺える。と同時に、どこに行っても自分が育った町のことをベースに語る、堺の人々の都会人気質がある。

さて、堺刃物ミュージアムのある材木町からこの七町あたりにかけては、いまなお旧い佇まいの刃物問屋や町家の打刃物製作の工房が点在していて、文化二年（１８０５）創業の信田圭造さんの和泉利器製作所も、[有次]の柄をつくる辰巳木柄製作所もこの七町にある。

「あべのハルカス」近鉄本店や、東京では有楽町や新宿のマルイの空間デザインを担当した、大阪芸術大学教授の間宮吉彦氏（55歳）も錦之町出身で、生家は柄製作と刃物小売り業である。沖芝昂さんの娘・尚美さんとは、このエリアを校区とする殿馬場中学で同級生だ。江戸時代に奉行所の馬場があったことから「殿馬場」と呼ばれている地だ。間宮氏によると「中学校の時、自転車関連を入れるとクラスの2割以上が打刃物にかかわる家やった」とのことである。自転車は打刃物とともに堺伝統の地場産業で、フレーム製造には鉄砲の銃身製作技術が生かされている。

この堺旧市街の人々の気質を示す一例がある。２０１３年9月の堺市長選の際、堺市をも含めた「大阪都構想」を推進する大阪維新の会公認候補の西林克敏元市議が立候補し、それを応援する日本維新の会の石原慎太郎共同代表の演説会がこの殿馬場中学であった。

橋下徹大阪市長自らが堺に出向き「このままでは堺は大阪から取り残されてしまう」と責めたてる維新の会に対し、「堺はひとつ！　堺のことは堺で決める！」のスローガンを掲げた現職の竹山修身氏が出馬、堺市を廃止分割する都構想に真っ向から反対した。

選挙戦終盤になり堺に来た石原氏は、約６００人の聴衆を前に「あんなインチキな憲法、誰がつくったんだ……もう間違いだらけの前文で日本語がね、こんな醜い日本語はない。もう助詞の使い方一つ見てもあちこち間違いだらけで……」という調子で演説した。

「私はわりと早く世の中に出られましたのであの頃文壇というのがあって文壇との付き合いの多かった白洲次郎さんていう、吉田茂さんのね……」という自慢が始まると、その話を遮って聴衆の一人が大声で批判した。「憲法の話は別のステージでやったらどうですか。市長選の話を聞きに来たんです」。直截な泉州弁の言い方で、周囲も「せやせや」とヤジった。石原氏はそれにキレて「そのために大事な話をしてんだよ。ここへ出てこいここへ。この野郎」と怒鳴って威嚇するも、「堺の話をせんかい」「アホかお前は」など口々に応酬した。これだけ権威にたてつく聴衆はそういない。

この殿馬場中学の一件は堺市長選に大きな影響を与えた。「大阪都構想」のもとに堺市を解体して大阪市に取り込もうとする橋下徹市長率いる維新の会の西林候補は、アンチ維新の会の現職の竹山氏に惨敗した。

堺の町衆は伝統的に「進取の気風があり、権力におもねらない」と言われるが、市長公室シティプロモーション担当の浦部さんによると、「この一件が老若男女問わない典型的な堺気質を表しています。よそからエラい人が来て自分の町のことをとやかく言われるのが、一番カチンとくるんですわ。友人たちとは普段、『大和川を越えるとやっぱりあかん』などと自虐的に言うたりしてますが」と苦笑いする。さすが千利休を生んだ町である。

［有次］の寺久保社長は、そんな気質を持つ打刃物職人が仕事をする町をまるでわが街のように飄々と歩く。昼ご飯時になると「宿院の［ちく満《ま》］（蕎麦の老舗）か［美々卯《みみう》］（堺が発祥）のうどんにするか。中華なら近くのホテルの地下やな」という具合でとてもくわしい。

名人・沖芝昂の仕事

沖芝昂さんという鍛冶職人については、池田刃物製作所三代目当主・池田辰男さんが、「職人気質。自分のことは話しませんし、自慢が出来ない人。好きな先輩の鍛冶屋です」と、親類のことを話すように解説してくれる。「沖芝さんとことは親の代からの付き合い」とのことで、刀鍛冶でもある父親の亀夫さんとともに、子どもの頃から沖芝一門の仕事ぶりをよく見聞していたのだ。

伝統工芸士の池田さんは、70代半ばを過ぎた今も刀銘「正行」を打つ刀匠である。本焼き庖丁が日本刀の作刀技術を引き継いだ鍛造であることは前章で書いたが、その本焼き鍛造の技術については現在、沖芝さんと、まだ現役で刀を打つ池田さんが双璧だと業界まわりは口を揃える。

池田さんは、平成五年（１９９３）に刃物に美しい波紋を出す紋鍛錬技法の開発により科学技術庁長官賞を受賞。この技術は庖丁（とくに柳刃庖丁）に日本刀の美術的な鍛造技法を取り入れたものだ。さらに平成二十一年（2009）には瑞宝単光章を叙勲されている。

すでに触れたが、沖芝一門は室町時代に瀬戸内一帯の制海権を押さえ、織田信長を破った村上水軍の刀鍛冶にルーツを持つ。

「昴さんは刀は好きだしつくれます。けれど打ちません。刀鍛冶の家が庖丁鍛冶専門になったのが沖芝さんとこで、うちはその逆ですわ」と池田さんは話す。

その池田さんが三十年ぐらい前に「今のうちに作刀免許、取ったらどうですか」と沖芝さんに言ったことがある。そのとき、たまたま横にいた沖芝さんのお母さんに「せっかく我慢してるのに、火つけんといてください」と血相を変えて叱られたそうだ。

「刃物つくってると、やっぱり刀やりたいと思うもんです。絶対貧乏しますけど、はっはっは（笑）」と語る池田さんは、創業百二十年の庖丁鍛冶の系譜を引いている。祖父・辰造氏が明治二十一年（1888）に九間町で庖丁鍛冶屋を開業し、父・亀夫氏が大正十一年（1922）家業を継ぎ修業に入る。昭和十五年（1940）に亀夫氏は京都・八幡市の刀匠森田正道師に師事、日本刀作刀の道に入る。刀銘は正久である。昭和十八年（1943）には陸軍受命刀匠となり敗戦まで軍刀だけを作刀した。

「統制経済で庖丁用の資材は回ってこなかった。だからその頃、堺に6人も刀鍛冶がいた。それまでは、沖芝さん一門だけしか刀鍛冶はいなかったんですが」。父・亀夫氏から「刀だけやったら教えへんで」ということで戦後、庖丁も含めた鍛造仕事を教えられたのが、昭和十三年（1938）生まれの辰男さんだ。

逆に堺に来て庖丁鍛冶になった沖芝一門については、「堺では戦前戦後を通じて、（昂さんの）伯父さんにあたる二代目正次さんが刀も庖丁も抜群の腕を持ってた。その弟の吉貞さんは戦後1本だけ刀を打ったきりで、息子の昂さんは刀はやらない。庖丁一筋。そのかわりに（父子は）ようこんなけ仕事するわ言うぐらいしてられます。名人肌であまり仕事をしない正次さんの家のことを『あっちは寝芝《ねしば》や』言うてました」と笑う。

「起芝《おきしば》」に「寝芝」。こういうシニカルな駄洒落は、堺のこのあたりの街人がよく口にする類のものだ。

ともあれ池田さんがそんなふうに語る通り、沖芝昂さんは六十年にわたって数え切れないくらいの庖丁を鍛造してきた。けれどもほかの鍛冶師と違うところは、出刃から柳刃、薄刃、フグ引、ハモ骨切、鰻京サキ、中華庖丁に至るまで、あらゆる庖丁をずば抜けた技術でつくってみせることだ。父の吉貞さんは「あいつ、こんなんやってるんか」と逆に昂さんの仕事を参考にしていた、と寺久保社長は話す。

［有次］の地元京都の食文化の理解と、沖芝さんの腕あってこそ完成された庖丁のひとつに中華庖丁がある。

「祇園の味、祇園の中華」などと形容され、「飛雲・鳳舞系」と呼ばれる京都独特の中華料理は根強いファンが多い。その繊細な料理をつくる中華庖丁は、肉や野菜、とくにタケノコ（京都は名産地だ）などを薄く細かく切るために、刃を極限まで薄くしたものだ。ぶ厚い中国本国仕様の庖丁ではそのあたりが雑になってしまう。刃自体の面積が飛びきり広い中華庖丁を薄刃にするには、相当の技量が必要だとされる。

フグ料理もしかりで、身が固いフグの身を薄く切るためのフグ引庖丁は、刃の持ちが長く、さらに引き切る際に庖丁を押しつけるので弾力がないと庖丁自体が持たない。だからうまくしなる本焼きがふさわしい。これなどは沖芝さんの十八番である。

京都ならではの「回り」の方法も、沖芝さんの庖丁づくりに生きている。［有次］の地元ユーザーは世界に冠たる京料理の料理人や板前であり、また店舗を構える錦は「夏はハモ、冬はフグ」といった高級専門鮮魚店が軒を並べる日本有数の市場だ。［有次］の店員は毎日のようにそれらの店を訪ね、料理人から要望を聞き直接注文を取って、修理やメンテナンスを行う。すぐれた庖丁を京料理界に普及させ、さらによりすぐれたものに昇華させる原動力だ。

この「回り」のシステムこそが、京都のプロの現場のニーズを把握させる。加えて、この高度で細かい要求に的確に応える工匠・沖芝さんの卓越した腕前を［有次］は知りつくしているのだ。沖芝一門が堺へ移る以前、京都・粟田口で刀鍛冶の同業者だった沖芝要吉正次（初代）氏以来、三代の仕事を見ているからだ。それらの体感は昨今のマーケティングや商品企画といったものとはずいぶん手触りが違う。

沖芝昴さんの仕事は「［有次］以外、よそ（の庖丁）はほとんどやれへん（しない）な」である。沖芝さんが鍛造する堺の庖丁に関しては、京都の［有次］が独占的に扱っていることになる。そして１９７０～80年代の最盛期には、「月１００枚打って本焼きは20枚やった」と言葉少なに話す。

「うちの母親がまだ40代やった頃。そうやな昭和三十年代半ば頃かなあ、間に合わん言うて、朝から電車乗り継いで堺の沖芝へ取りに行ってた。向こうも（昴さんの）お母さんが風呂敷に包んでこっちに持ってきてくれてた。それを待ち受けて店で広げて急いで柄を付けたもんや。そんなん毎週、しょっちゅうやった」と寺久保社長は話す。

そのような昭和三十年代、四十年代を経て、「京都の庖丁屋」として［有次］はどんどん名声を高める。昭和五十六年（１９８１）［有次］は錦市場に店舗を移転、ここで一気に「京都ブランド」を代表する料理道具店の老舗として、料理人・板前のみならず一般家庭でキッチンに立つ主婦に至るまで、全国に知られる存在になる。

名人・沖芝昴の鍛治仕事を見に行く

［有次］の寺久保社長に頼み込んでいただき、実際に沖芝昴さんの鍛冶仕事を見せていただ

くことになった。

沖芝昴さんの鍛冶仕事について、池田さんは「典型的な職人肌で、昔通りの鍛冶屋のつくり方。わたしが子どもの時見た、鍛冶仕事そのまんま」だと説明してくれていた。

普通、職人同士は他人に仕事を見せたり他所の仕事場を覗いたりはしないが、池田さんが堺刃物工業協同組合理事長をしていた時、「現代の名工」や黄綬褒章の書類作成をするために沖芝さんの仕事場を何回か訪問している。「昴さんは賞とかに、自分から手を挙げることをしない人」だからだ。仕事場や鍛造の様子を証明する写真の提出が必要だったので、「実際に仕事をしてもろて」写真に撮ったこともある。わざわざ息子の良一さん（池田刃物製作所四代目）をカメラマンに立て同行させ、「よう見ときや」と言ったと回想する。

その沖芝さんの仕事場を寺久保社長に付き添われて訪ねる。正月7日以来、二度目だ。南海高野線堺東駅から歩いて10分。「〇×刃物製作所」などといくつか看板が上がっていてやっとその家が鍛冶屋とわかる昭和な住宅街の中に、七十年以上仕事場にしている沖芝さんの工房「沖芝刃物製作所」がある。

刀工・沖芝一門の系譜は、父吉貞氏が大正時代になり京都・粟田口から堺に移った。堺で生まれた沖芝昴さんは、13歳から父吉貞氏のもとで、この場所で「有次」の庖丁を打ち続けてきた。庖丁鍛造での「有次」との付き合いは粟田口以来だから、寺久保社長側からすると祖父の代からである。

仕事場は家の奥、離れにあって入口のガラス扉の上には注連縄が、火床《ほど》の上の壁には神棚が置かれている。昭和五年（１９３０）から使い込まれた工房は、鉄錆色一色でほの暗く、まるで映画のセットのようだ。というよりも、どのようにすればこのような工房になるのかと訝《いぶか》るほどの空間だ。

庖丁の製作工程は、火床の火づくりから始まり、刃金を切って地金に貼り合わせ（鍛接）それを鍛造していく。鉄をコークスの火に入れて赤めて金鎚で打つ。これを５回６回７回……と繰り返すのだが、中子の部分がつくられ、みるみる庖丁のかたちになってくる。

型にはめたり、型で抜いたりはせず、すべてフリーハンドである。赤く焼かれているとはいえ、相手が鉄鋼《てつはがね》だから相当な力を要するはずだが、沖芝さんの軽い鎚打ちは、まるで粘土を叩いて延ばして成形していくようだ。

赤熱しては叩きを繰り返す熱間工程が終わり、藁灰に入れてゆっくり冷やす焼鈍《しょうどん》（焼きなまし）のあと、刃金の表面を梳《す》いていく研削工程があるが、沖芝さんはその際に「銑《せん》」を使って梳いていく。

銑というのは刃物の両端に持ち手が付いている専用の工具だが、昭和十年頃に電動のグラインダーが登場してからは銑の手作業にとって代わった。銑の梳きは庖丁を身体に抱き込むように置いて上から梳いていく「大変しんどい」（池田さん）作業ゆえ、日本刀の作刀以外ではもうしない。

池田さんは、その作業を沖芝さんの工房で見たときに「へえ、こんなんしてるんや」と思ったと言う。「昔は停電がよくあって、そんなときだけ親父によくやらされたが、ずっと銑で手作業しているのは、昂さんぐらいやろ」とのことである。「グラインダーを使うと火花が出る。つまり摩擦熱が発生する。その熱は製品にあまり影響が出るものではないけど、『熱、いややねん』と昂さんはひとことだけ言うてはった。そら手間がかかって力の要る作業です」と付け加える。

一方、［有次］の寺久保社長は「銑梳きは［有次］の庖丁では、伝統的なあたりまえの工程」だと言う。焼き入れに関しても「松炭の火でふいご（火床に風を送る器具）は手と足を使《つこ》てギコギコとやる。これも今ほとんど他所ではやってへんと思う。そんな器用なことはようせえへん」。

沖芝さんの一連の動き――手を伸ばす、身体の向きを変えるなど――には、まったく無駄がない。コークスをスコップで掬《すく》い火床に放り込む、赤めた鉄をヤットコで摑んで叩く、ベルトハンマーを操り切断する、ホウロウのやかんを取って水を飲む。金鎚もヤットコも金床も、そして旧式の梳き道具である銑も、まるで自分の身体の延長のようにそこにある。すべてが美しい舞踊のようだ。

寺久保社長は「材料も力も無駄があったら損や」、そういう言い方で沖芝さんの鍛冶師としての動きを解説してくれる。

やはり焼き入れは見ていて印象的である。焼きがよく入るように庖丁全体に秘伝の泥を塗る。こちらは「高知も徳島もなくなって、今は岩手や」（沖芝さん）という松炭による火床。火の勢いを上げるふいごを手と足で煽り、ゴー、ズーとうならせるや、火床から火花と炎が噴き出る。750℃の桜赤色、800℃の輝桜赤色、850℃の輝赤色、900℃の明輝赤色……と鉄の色で温度を見るのだが、横で沖芝さんの作業を見守る義弟の浅野邦雄さんに焼き入れの温度を訊くと「800度ちょい」。見分け方は「まあカンや」の一言。

堺の打刃物の鍛冶仕事の本質は「徹底的な温度管理だ」と池田さんは説明してくれていた。刃金と軟鉄を鍛接する950〜1000℃、鍛造するときの800〜850℃、焼き入れの780〜800℃。測定機器が発達した現在は温度計で測ることはできるが、測っている間に数十℃単位で上下する。

だから鉄が赤められた瞬間に温度を色で見分けるのだが、勘とセンスと経験がすべてである。もっともこれらの適温や色との関連性は、近代の鍛造工学によって後付けされ示されたデータである。

真っ赤に焼かれた庖丁をすぐ横に掘られた直径80センチぐらいの小さな池みたいな水溜めに入れる。ブシュ。ゴボゴボ。そして刃金にねばりを出すために、もう一度火に入れて焼き戻しをする。焼き入れによって出た歪みは叩いて直す。

また「熱いうちに打て」の鎚打ちは、横から斜めから、強く弱く、これも機械では出来ない工匠の技である。

「沖芝昴さんは5℃の違いを見分ける。数字でしてる仕事ではない」（池田さん）。これが堺の伝統打刃物の庖丁なのだ。

鍛冶屋は火との戦い、真剣勝負などというが、こと沖芝さんの場合はそうではなく、すべて火と共にある。火床から研磨機へと場所を移動する際に、杖をついて歩く（足を怪我しているらしい）のが一番「しんどそう」に見える。

鍛造が終わり沖芝刃物製作所から刃付け師に回される段階の庖丁は、有次＝沖芝流の、切っ先が少し下がり気味の美しい柳刃庖丁の形状がわかるだけで、切刃の部分の気配がまったくない。「これがどうして切れるのか」などと思ってしまうが、これが刃付け師によって世界に誇る鋭利な刃物に仕上げられていく。


「沖芝」のを「野村」で刃付けして柄は「辰巳」

「その、まあ、くそ真面目な人です」

庖丁卸・大江商店社長の大江章雅さん（48歳）は、伝統工芸士の刃付け職人野村祥太郎さん（72歳）のことをそう評する。

現在京都の［有次］の庖丁と堺の打刃物職人の仕事をコーディネイトしているのは大江商

店。章雅さんの父が昭和四十二年（１９６７）に独立して大江商店を設立する前の刃物問屋に「奉公していた」時代からの付き合いで、「おそらく六十五年ほど」とのことだ。

大江さんは大学を卒業し三年間の他店問屋での勤務の後、家業に入った25歳の時に「有次さんへ挨拶に行った」。「柄付けに関しては［有次］の基本というのがあり、それを基本として他社品も柄付けしています」と語る。「寺久保社長には今もまだまだや、と言われてます」と己のことについては一歩引く、旧い職人気質の刃物問屋社長だ。

逆に［有次］側の寺久保社長は「彼の親父が堺の問屋さんにいてた。その問屋さんはタカハシちゅうんやけどね、そこの番頭さんに大江さんがいたわけや。うちが担当で、京都に毎日来たはった。問屋のタカハシ（との取引）はわたしの親父の代のもうちょっと前かもしれん。ここがいちばん古いんや。もう七十年ぐらい（の付き合い）になるやろな」と語る。社長は続けた。

「商売を親父から継いだときは、われわれの方が経験が浅くて、堺の産地問屋さんの大江くんの親父さんから教えてもうてた時代があったけど、いまは逆に、今度はね、息子の方に返してる。そうすることによって、彼が堺の問屋として、どこの地方の刃物屋さんから注文受けても、〝あいつに頼んだら間違いない〟というように発展しないとうちも困るからね。問屋には職人を育てるという大きな使命があって、これを間違うておろそかにするような問屋とは、一緒に商売やっていくということはできない。こっちも必死や。良い問屋さんになってもろて、その問屋がまた職人をうまく育てていく。親子や兄弟みたいにやってもらわんと困るわけや。それが親、子、孫の代とずっと連綿と続いていくような考え方が［有次］にないと。そういうとこがナンボの（値札がつく）世界なんや」

一気に語る寺久保社長の言葉通り、刃付け師の野村祥太郎さんは、大江さんの堺でのネットワークによる［有次］庖丁の比較的新しい職人だ。といっても野村さんはこの道五十四年、日本伝統工芸士認定の刃付け師である。平成二十一年には瑞宝単光章を叙勲されている。「原始的な仕事やから残ってる」と自分の腕を謙遜するが、「霞《かすみ》研ぎ」と称される堺独自の切刃仕上げのエキスパートだ。「［有次］の仕事をやっている」というプライドも高い。

仕事場の「ノムラ刃物」には、4台のグラインダーが壁に向かって並列している。直径が1メートルもある大きなグラインダーの砥石の表面は、鏨《たがね》で細長く目が刻まれている。これは堺の刃付け職人だけのものだ。もうひとつ「木砥《きど》あて」という砥石の替わりに木で磨く仕上げ工程も堺だけのものだという。

研ぎは庖丁を回転する砥石に押しつける作業なので、切刃の部分を出す荒研ぎ、峰から上を平らにする平研ぎ、天然石グラインダーをつかった本研ぎと、工程の都度にわずかな歪みやねじれが出る。それをしっかり見取って、鏨を入れたり金鎚で叩いて真っ直ぐにする――この技術こそが肝要なのだ。

荒研ぎの際、庖丁を固定する研ぎ棒は庖丁の種類とその大きさごとに違う。これは手造りするしかない。木製で見た目はぶっきらぼうな研ぎ棒だが、まるでアーティストが一つの作品にかかるためにつくった道具のような丁寧さを感じる。

さらに最後の「霞研ぎ」仕上げの際、鎬筋を際立たせ切刃に微妙な霞を入れるために「福島で取れる岩をパウダー状にしたもの」などあれこれ調合した金剛砂で切刃を擦り、さらに消しゴム（「ラビット」銘柄のものが良いが、近年探すのに苦労するらしい）を使ったりもする。

要するにベストな庖丁をつくるために、使えるものは道具として何でも使う、ということなのだ。

堺は太平洋戦争でひどい大空襲に遭っている。その戦災復興事業により、旧紀州街道がいきなり幅50メートルに広げられ、真ん中に路面電車が走っているのが大道筋だ。その起点となる綾之町交差点の南西に、昭和三年（１９２８）創業の柄製作大手の辰巳木柄製作所がある。

かつて中浜筋の七町、その七町三十七軒の鍛冶屋に限って幕府御用鍛冶として煙草庖丁の製造が許され、与謝野晶子が故郷として懐しく歌った場所だ。

長く使い続けていることが見てとれる旧い機械。壁には手書きの尺－センチの寸法対照表が貼られている。時間が止まったような典型的な町の木工工場で、80歳になる二代目辰巳勝さんとその息子の勝久さんほか4人の柄製作職人が、木屑にまみれながら庖丁の柄をつくっている。

柄づくりだけでもおおよそ8の工程があり、柄の形はシノギ付き、楕円形、八角、八角半丸、丸の5種が基本だと、社長が直接テンポ良く教えてくれる。1日1000本以上の生産能力がある工場だとにこやかに言う。

「すごいですね」。そう言うと、いきなり「秘密兵器（専用の製作機械工具）でようけつくって、安う出してるからやっていけまんねん」と笑わせてくれる。ああ堺の人だ。まるで『男はつらいよ』で太宰久雄さん扮するタコ社長が、泉州弁に吹き替えて喋っているようだ。

「柄屋は大正時代の全盛期には60軒ほどあったんやけどね。もう戦後しんどなって、（木製の）電信柱を切って柄にし、進駐軍がほかす（捨てる）空き缶を拾《ひろ》てきて口輪（口金）にした」と話のネタにもサービス精神旺盛だ。

ちょうど同行している大江さんが、次なる製品の見本として30センチはあろうかという長い柄を出してきた。「鍋の柄でっか。うわ、また長いでんな。はい、10本でんな」

［有次］の玉子焼鍋用の柄の注文を受けているのだ。「大江さんとこ、上等のもんばっかりでっさかいな」と言ってまた笑わせる。

京都の［有次］の庖丁をつくっている堺の職人たち。あとで気がつくと見かけによらぬ高齢者ばかりというのが気になるところだが、ものづくりの現場はおもろい会話と活気にあふれていた。堺の打刃物は分業である。ひとつのものをじっくりコツコツではなく、ダイナミックに人から人にものがバトンタッチされる。だから職人といえども顔と顔の商売だ。そしてやはり大阪ディープサウス、しかめっ面がなくどこかラテンな感じがするのだ。

堺という中世に「黄金の日日」を迎えた大都市は、呂宋助左衛門が登場した交易や先に書いた鉄砲産業、銀による貨幣経済、最先端のサロンである茶の湯……を生み、ザビエルやルイス・フロイスが訪れた自由自治都市であった。その栄華を信長、秀吉に引き継がせた堺は、元和元年（1615）大坂夏の陣で焼かれた。2万戸の町が全焼し、その焦土層は70センチに達したという。が、すぐさま堺は家康により幕府直轄の都市に生まれ変わった。そして幕府専売品「堺極」の煙草庖丁が江戸幕府の財政を潤す。

廃藩置県より三年前の明治元年（1868）、いち早く堺は堺県になる。和泉、河内そして大和（奈良県全域）が編入され、大阪府を凌ぐ大きな県となった。

堺港の木造洋式燈台、日本初の私鉄・阪堺鉄道、わが国最初の「大阪麦酒株式会社」や「日本航空輸送研究所」の大浜飛行場も堺に建てられた。「大阪の食い倒れ」に対し「堺の建て倒れ」といわれた贅《ぜい》を凝らした町人の家屋が並ぶ都市として順調に発展していく。

しかし、その堺の市街は再び昭和二十年（1945）七月十日の大空襲で灰燼《かいじん》に帰す。市内中心部を流れる土居川の水さえ熱湯となり、川面は飛び込んだ人々の死体で埋まったという。この一夜の大空襲だけで死者1860人、罹災者は7万人に及んだ。

　このように二度の消滅—復活を経験した堺には、幾多の歴史の荒波を乗り越えた都会人が持つ、剽軽《ひょうけい》な土地柄がある。堺打刃物にかかわる、鍛冶屋、刃付け屋、柄屋（えぃや）と抑揚を変えて唄うように職業名を発音する響きからして、どこか陽気な息遣いがある。

　そうや横山やすしも堺出身やったなあ、などとわたしはやっさんが身振り手振りもまじえながら、大阪弁よりももっと軽快な泉州弁でポンポンと軽口を叩くさまを重ね合わせ、思ったことは、そのような歴史だった。

第六章　錦市場、祇園の味。庖丁づかいの現場

錦市場の［まる伊］［大國屋］

堺と京都。［有次］の庖丁が取り持つ奇妙な関係を基点に、しばし堺をめぐり、堺のものづくりを支える気風にふれた。ここで京都・錦市場の［有次］に戻る。

なんといっても地元京都で、［有次］のブランドが入った堺打刃物による庖丁は、どのように使われてきたのか。［有次］の庖丁が京料理の洗練のみならず、仏・伊料理に影響を与え、京都の中華料理のイノベーションまで担っている。プロの現場から見ていこう。

［有次］から歩いて数十歩。向こう三軒両隣という言葉があるが、ちょうど4軒向こうに錦市場ならではの「夏はハモ、冬はフグ」専門店の［まる伊］はある。創業は明治期である。ご主人の伊藤孔人さんは［有次］の「『魚のおろし方』教室」を約三十年担当。関係性も一番近い京料理専門の高級鮮魚店だ。

まさに「番頭さん」といった風貌の田中亮さんはこの道二十五年。たたみ一畳ぐらいある白いプラスチックの業務用のまな板の上に、フグ引庖丁が数本並べられている。「てっさ」を引いている最中

フグ引庖丁。「真鍛」の刻印は本焼きに打たれる。

なのだ。長細い「ささ身」を左手指先で押さえ、手前から注意深くかつ一気に刃渡りの長さを活かして引き切る。薄く切られた切り身は、花びらのようにきれいに皿に並べられ、店頭で「一〇〇g千五百円」と短冊で表記されている。京・大阪の冬の「ごっつぉ（ごちそう）」、味覚の王者である。

庖丁を見せていただく。［有次］の銘の切り方を見れば、力強く深い切れで、沖芝さんの鍛造の庖丁だとわかるものばかりだ。本焼きや、「上」すなわち霞研ぎが多く、よく見れば、ちびて短くなったものや刃先が真っ直ぐ長い三角形状になっているものもある。

銘が切られている背中の部分が「有」だけで「次」はないフグ引庖丁がある。欠けたアゴ部分を修理の際に大きく削り取って、「次」の長さの部分が中子《なかご》となって柄に入れられているのだろう。

店内の押し入れのような戸棚を開けると、木箱に入れられた庖丁が無造作に積まれている。聞くとフグを捌き骨を叩き切る出刃庖丁が20本弱、てっちりやてっさ用に身を切り揃える柳

刃刺身庖丁が約30本、てっさを引くためだけに使うフグ引庖丁が15本、ほかに夏にだけ使うハモ切り庖丁10本ほどがあるとのこと。使い込まれたもの、新しいもの、長さもまちまちだがすべて［有次］だ。料理店や仕出し屋の厨房、市場の精肉店や鮮魚店とさまざまな庖丁を使う店舗を長い間取材してきたが、こんなにたくさんの庖丁が使われている職場は見たことがない。

田中さんは多忙期のすさまじさを語る。「そらもう、12月30日と大晦日は丸一日1000本くらいのフグを捌いてます。先輩や仲間の板前にも手伝いに来てもうてね、10人ぐらいがいっぺんに……」とのことだ。「好きな庖丁使《つこ》てくれ、言うてます。早さ勝負でやってるから、切れへんかったら、やる気なくなるし」。

庖丁は各人がもちろん毎日研ぐが、切れなくなったりすれば別のものを使う。「自分用に長いの置いといても、知らんうちにどこいったかわからんようになる」というほどの大量の庖丁の酷使のされ方なのだ。

フグの身は硬い。だからてっさ専門のフグ引

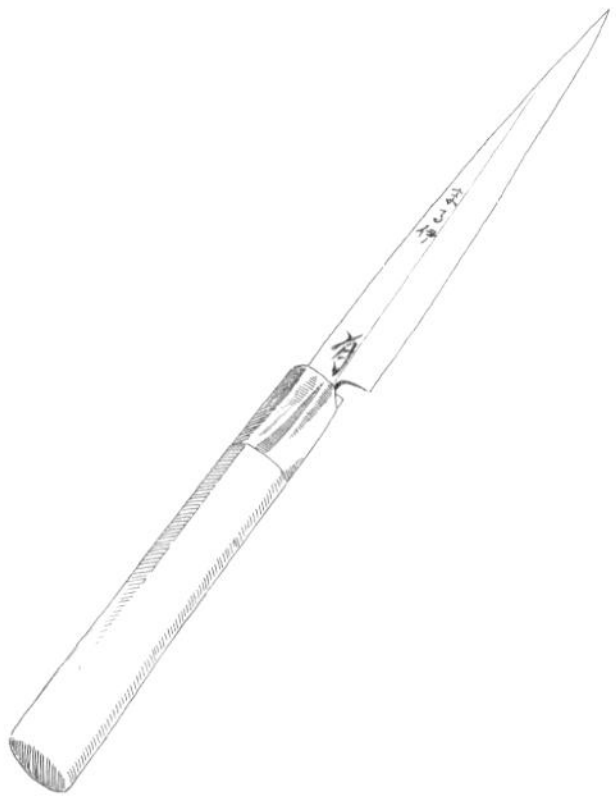

［まる伊］で長年使用のフグ引庖丁。

ハモ専用の骨切庖丁。大型の庖丁だ。

庖丁があるぐらいだが、ここで使われているのはすべて本焼き庖丁である。「刃のもちが違うし、切るときにうまくしなるから綺麗に切れる」とのことだ。

　ピークの年末には［有次］の武田昇店長以下、「その日に使《つ》こた庖丁を気いよう取りに来てくれて、持って帰って研いでくれて、次の日に届けに来てくれる」。

　その数も30本と尋常じゃない。まるで親戚や家族みたいな関係だが、おなじ鍛冶屋町の町内会の面々。京都という町はそういうところである。ちなみに［有次］の寺久保社長が、夏に堺の沖芝刃物製作所を訪ねるときは、［まる伊］のハモを土産に持っていくことが多い。祖父の代からの深い関係性があり、父の代に京都から堺に移ってきた沖芝さんの一家は、家長が鍛造したハモ骨切庖丁で骨切りされた、格別な京の夏の「ごっつぉ」を味わっているのだ。

　続いて［大國屋《おおくにや》］へ。錦に3軒ある鰻専門店の一つで、瀬戸内海産の天然鰻にこだわる百年の歴史がある店だ。

蒲焼きを焼く良い匂いが客を誘う。店先には1匹まるごとの蒲焼きが並べられている。それぞれに「二千円」「二千二百円」などと値書きの短冊が載せられていて、「お、ええ鰻やなあ。しっかしさすがに錦、結構高いな」と思うが、どれもうまそうだ。

売場は錦小路にせり出している「見世」だけで店内は仕事場だ。奥では店主の山岡国男さんが鰻を捌き、炭火が熾《いこ》る手前の焼き場で奥さんが焼いている。店内は人が行き違うのもやっとの典型的な鰻の寝床の京都の鰻屋だ。

三代目店主の山岡国男さんは、祇園祭では錦市場の人々による西御座《ござ》の神輿《みこし》に参加していて、銀閣寺の［草喰なかひがし］などの京料理店と陶芸家で構成する器と料理の研究会「器覚倶楽部」の代表もしている有名人だ。

鰻専用の庖丁。左から京サキ庖丁、名古屋サキ庖丁、九州サキ庖丁。

山岡さんに「これ九州」と九州サキ、「こわい庖丁でドジョウを開くとき使てる」と名古屋サキ、そして一番使っている京サキ庖丁の3種を見せていただく。「研いですぐより、1日置くほうが切れる」という沖芝さん鍛造の京サキ庖丁は、数本あるうちで十年ぐらい使っているものだ。ご存じかどうか鰻を腹から割く京都流の専用庖丁で、刃全体は約7センチと短く、峰がぶ厚くて鉈を短くしたような形状だ。使い込まれているのに鋼が鈍く光るさまは、見るからに職人の道具で、大工道具みたいでもある。

京サキ庖丁は刃が二段になっている。鰻を割いたあと骨を切り取る際、頭から尾へ庖丁をシャーと一気に滑らせるのだが、二段刃でないと骨に刃が食い込んでしまいうまく切れない。手にする角度など感覚的なものが人によって違うので、新しくつくるときは、あれこれ注文をつける。「手に合わさなあかん」のである。

「ウチらは鰻屋やから使う側のこっちの都合であれこれ言うけど、つくる職人もつくる側の都合で考えるわけや。ぼくはそんなんを客やからということで、ここの厚さはこれぐらいに……とか直接つくる方に言うのはきらいやな。そやから両方見てる武田さん（［有次］店長）の仕事があるわけや」と笑う。

京・錦市場で鰻を捌く職人とその道具をつくる堺の職人。仕事は違うが同じ職人、プロ同士やないか、と相手の腕を認める尊敬と仲間意識である。一見客がデパートに行って「こんなのはないのか」と気儘に顧客ニーズを振り回したり、顔の見えない消費者がメーカーのお客さま相談室にクレームを入れたりする関係性とはまったく異なる、信頼関係による付き合いを長く持とうとする考え方が、いかにも旧い京都人らしい。

山岡さんのサキ庖丁は、ほとんど［有次］の沖芝昴さんの手によるものだが、そうとわかっていて〝知らない〟というスタンスだ。つまり［大國屋］―［有次］―［沖芝刃物製作所］の顔と顔の順番を飛び越えたりしないのだ。

「ぽんと置いた瞬間に勝手にすっと入って切れてる」［近又］

懐石料理旅館の［近又《きんまた》］は創業享和元年（1801）。近江屋又八が開き、近江からの薬行商人の常宿となっていた。［有次］のある錦市場から店2軒御幸町通へ出て南すぐにある建物は、明治三十五年（1902）のもので、国の登録有形文化財に指定されている。木造2階建て、紅殻《べんがら》作りの玄関や磨き込まれて黒光りのする床や柱、二段の竹穂垣が施された庭など、典型的な京の町家を伝える。

なによりも錦市場が目と鼻の先にあるので、新鮮で卓越した魚や野菜の料理素材に事欠かない。

七代目「又八」の鵜飼治二さんは、総料理長として「6人で回している」料理人を監督する立場だ。「とにかく研いどるやつです。徹底的に研がな気が済まないんですわ」と総料理長が笑って紹介してくれた稲葉達也さん（27歳）は、［近又］で庖丁を握って七年。この日は寒ブリの大きな身の皮をはぎ取り、刺身を引いている。沖芝さんによる刃渡り1尺1寸（約33㎝）の柳刃庖丁。彼ら料理人や板前が言うところの「尺一《しゃくいち》」で、四年使っている。

　刃が美しく光り、とくに切っ先の2～3センチぐらいの部分がよく研ぎ込まれているようだ。柄は真ん中ぐらいの部分が使い込まれて微妙なアールを描いて凹んでいる。実際に持たせてもらうと、柄の横部分から下に向かってすり減ったように指で包み込む形になっていて、朴《ほお》の木の手触りがふわりとし、一層滑らかだ。これ以上すり減ると交換時期だそうで、この庖丁はすでに2～3回柄を付け替えている。毎日研がれる庖丁より柄の方が消耗が早いのである。プロの道具の世界である。

「毎日使《つ》こて使《つ》こて、毎日研いで研いで、柄も磨いて、変化に気づかず自分の庖丁になっていくもんです。他の料理人からすれば、握って『何やコレは、怪態《けったい》な庖丁やな』ですが」と鵜飼総料理長は説明してくれた。

　出刃庖丁だがちびて当初の形状がまったくわからない自分の庖丁を数本見せてくれる。柄の凹み方すら絶妙である。鯛などの硬い骨を数え切れないくらい叩いたのであろう、アゴから5センチぐらいの長さのところまでだけ、何カ所も微妙に刃こぼれしている庖丁もある。これはすごい、いや見事だ。

「もう五十年は近又さんへ行かせてもろてます」と言う武田昇店長は「当主（鵜飼総料理長）はずっと『あの職人さんのやないとあかん』と沖芝さん限定ですわ」と語る。

「言葉としては難しいですけど、無理矢理叩き切ったりはあきません。スムーズに切れる。

そういうことは、庖丁が重たい方がやりやすい。ぽんと置いた瞬間に勝手にすっと入って切れてる。軽いと余計な力がいるでしょう。重さのバランスが取れていると、柄とかも感触が違うんです」

「有次さんのこの人のは刃が硬い。だからよく切れる。それだけでなく、庖丁がやさしい」

沖芝さんの庖丁を「やさしい」と語る鵜飼総料理長。「自然体で道具と向き合ったら、道具は応えてくれるもんです。魚も野菜も相手は生き物です。庖丁で切る、庖丁を入れる、刃をうまく使うことで、料理することで、また新たな命が入るように」。

刺身にしろ大根にしろ瑞々しく艶のある切り口は繊維や組織がつぶれていない。「食べ心地が違うでしょう」と言う通りであり、庖丁の「切れ味が良い」ということはまさに「素材に『切れ味』がついてくる」ということである。

とくに鋼だけで鍛造された本焼きは「切れ味がもつ」。「白衣が似合《にお》てきた頃、いつかは本焼きの庖丁を使いたいと思う。まあ目標です。それでやってきてなけなしのボーナスを使ってやっと買えた。まあその頃は、弟子が自分の仕事やってて、研ぐだけでもう使えへんことが多いですけど」と笑う。

「祇園の味」の京都の中華。［飛雲］［鳳舞］［芙蓉園］［平安］

案外知られていないが、京都の中華料理のユニークさは、ほかの都市に類を見ないものである。地元では「飛雲《ひうん》・鳳舞《ほうまい》系」と呼ばれる料理店の中華料理がそれだ。店名に「鳳」「飛」「雲」の字が入っている店はほぼその系統だ。

広東料理をベースにした「祇園の味」という形容をするのは、縄手通富永町にある［平安］店主の元木登さん（69歳）だ。それらの料理の特徴をざっと挙げると、鶏がらと昆布で取っただし（スープ）、ニンニクや香辛料をひかえた薄味、シンプルな盛りつけということであり、実際にはメニュー名が「カラシそば」「かしわの天ぷら」などと、書かれた字面からも京都独特の中華料理らしい感じがしてくる。

というより河原町四条の［芙蓉園］の親子丼のごはん抜きのような「鳳凰蛋《ほうおんたん》」を中国人が食べたらびっくりするだろう。ちなみに「鳳凰蛋」は名前もオリジナルらしくて、但し書きに「鶏肉入り玉子焼き」とある。が、どこからどう見ても「卵とじ」だ。うどんでも丼でも何でも「とじる」料理を好む京都人好みのそれであり、京都以外では見かけない。

「京都の中華」の成り立ちについてよく言われるのは、花街の座敷にニンニクや油の匂いを持ち込むことが禁忌とされていたから、そのような独特の中華料理になったということだ。

「祇園の味の京都の中華」のそもそもの立役者は広東出身の中国人・高華吉氏であることは

間違いがない。高さんは大正時代半ばに長崎や神戸を経て京都に来た。そして大正十三年（1924）に開店した京都初の中華料理店［支那料理ハマムラ］の料理長として招かれる。京都に来て［ハマムラ］で食事したのがそのきっかけだという逸話が残っている。

この店から始まる京都の中華料理は、東京の明治十二年（1879）開店の［永和斎］、大阪の明治三十年（1897）の［豊楽園］に比べると、ずいぶん後のことだ。明治四十三年（1910）まで外国人が京都に入るには府の入京免状が必要だったことなど、さまざまな理由が考えられるが、ともあれ京都ではそれまでは、中華料理を食べる人もつくる人もいなかったのだ。

昭和に入ってもまだ京都に中華料理は根付いていない。中国風俗文化の大家・後藤朝太郎は、『支那料理通』（昭和五年／1930）で「京都方面は如何なる譯《わけ》か支那料理の十分な発達を見せて居らぬ」と記している。食材については、中華麵や春雨はもちろん、モヤシすら入手できなかったと推測される。モヤシについては西本願寺門主・大谷光瑞が『食』（昭和六年／1931）で、「不肖是を好むも、本邦に於て得べからず。神戸、大阪の支那人間に是を作るも、京都になし」と書いている。

たとえば京都で中華料理のパイオニアとして［ハマムラ］で活躍した高華吉さんがつくり、京都スタイルの春巻として知られる逸品は、卵を使った柔らかい皮に、千切りされたタケノコがぎっしりつまった春巻だ。［ハマムラ河原町店］や［平安］など飛雲・鳳舞系の料理店の春巻はそれを引き継いだものだが、当初は手に入りにくかったニラや春雨の代わりに、京都名産のタケノコをふんだんに使ったものであろうと推察できる。

［ハマムラ］を独立した高華吉さんは、［飛雲］［第一樓］［鳳舞］と立て続けに新店を開店し、破竹の勢いで京都の中華料理界を席巻していく。先の「鳳凰蛋」を出す［芙蓉園］の二代目店主・加地数男さんの父は［第一樓］の初代料理長だ。

彼の話によれば［飛雲］は昭和十一年（1936）姉小路通河原町西入ルに開店し、戦後すぐの昭和二十年（1945）に木屋町通三条上ルにつくった［飛雲］は高瀬川に面した川床つきの風流な店だった。［第一樓］は昭和二十六年（1951）［有次］に近い錦小路通烏丸東入ル、［鳳舞］は都心を離れた北区紫明通に昭和四十二年（1967）開店、建築好きの高さん自らデザインした檜造りの和中折衷の内装で、行列のできる人気店だった。

河井寛次郎など日本の陶芸を愛しいつも着流し姿だったという高さんは、その約十年後亡くなり、［鳳舞］は二代目が引き継ぐも平成二十一年（2009）に閉店する。

加地さんと入れ違いに昭和三十七年（1962）、［第一樓］の厨房に入り、高さんの直接の教えを長年受けた一人が［平安］の元木登さんだ。その話に［有次］の中華庖丁が登場する。幅広の中華庖丁は、これ1本で切る、刻む、叩き切る、つぶす……と、いろいろな使い方が要求される。まさに調理の要、料理の原点だ。

タケノコを薄くスライスする元木さんは、幅広の中華庖丁をまるで刺身庖丁で白身魚をそぎ切りするように、刃全体を使って切っている。

「輸入品の北京料理の庖丁は、雑なところがあった。おやっさん流の中華料理に必要な薄い庖丁がどこにもなくて、それを［有次］と一緒につくったんやと思う。当時はまな板も今みたいな白い樹脂製のなんかない。1本の大木を切って、［飛雲］に2枚、［第一樓］に2枚と分けていたほど」

元木さんは現在自分の店で使っている［有次］製の中華庖丁「薄打8寸」（約24㎝）を手にして、料理道具すらない時代のことを語るのだった。その庖丁にはきれいな楷書で「平安」と店名が刻まれている。

［有次］の現社長・寺久保進一朗さんに聞く。

「高さんは店を新しくつくるたびに、新しい女性を連れて歩いてるんや（笑）。庖丁も新しい店に合わせて1枚、2枚……と注文してきた。それを［有次］が堺の沖芝さんに別注するんや。高さん自身が使うものも毎年つくった。祇園の

［平安］で使用中の中華庖丁。

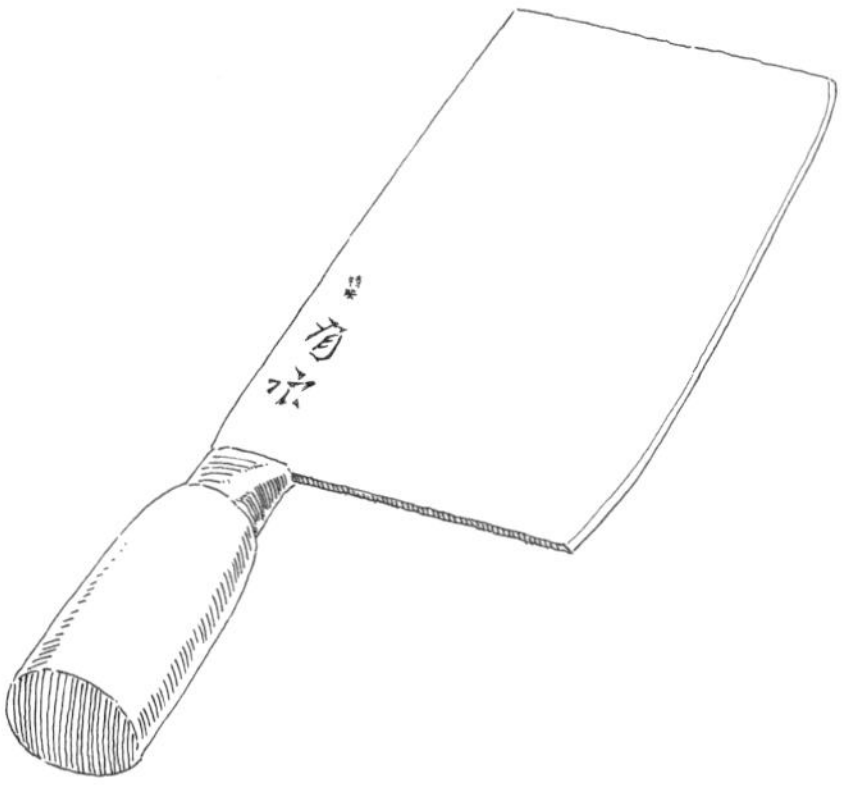

元木くんが今使ってるのんはそれや」と言う。ちなみに沖芝さんもそうだが、庖丁を「枚」で数えるのは、鍛冶屋ならではだ。

その庖丁について、元木さんは回顧する——新しい庖丁が納品されたとき、高さんはみんなに見せて触らせてくれた。指で弾くと「ピン」と独特の音がした。

「ボンさん（新人）の時、その音を聞いて、早《は》よこの庖丁サラ（新品）から使えるようになりたいなあ、思いました」

「社長（進一朗氏）が直接来てました。これは手本がないし、完全別注やし、刺身庖丁をつくるよりはるかに難しいやろ。社長は弱ったなあ、ほんまにできるんかなあと思っていたに違いない。まあ、できた庖丁を納めに来たときは、うちの中華料理食べたそうな顔してましたけど（笑）」

日本の伝統、和食のかたまりのような古都で、中華料理をつくり店を客で賑わせることは並大抵のことではないだろう。そして食材もだが、何よりも京都で中華料理をつくることの第一歩が、庖丁をつくることだったのだ。たぐいまれな「祇園の味」としての京都の中華料理の一流派を定着させたのは、まさしく［有次］の薄打庖丁なのだ。

堺の沖芝さんの取材時にその中華庖丁の話題になり、寺久保社長が「昴さん。あの中華庖丁、ようけつくってもろたな」と言うと、沖芝さんは「ははは」と笑う。和庖丁と違って、長方形の庖丁自体の大きさも刃金の大きさもとびきり大きい。「あれは長持ちするわ」。そりやそうだろうとばかりに、昭和四十年代に自分が鍛造した［有次］の新しい薄打中華庖丁のことを振り返るのだ。

第七章　大阪の［有次］

［福喜鮨《ふくきずし》］の［有次］

［有次］を追うようになってから、行きつけの割烹や鮨屋で板前さんとする話は、庖丁に関することが多くなった。

庖丁の話は深くて入り組んでいる。庖丁がらみで出てくる話題は、「鯛は明石に限る、いや和歌山の加太《かだ》だ」などといったグルメ軸（＝消費軸）の話よりも断然奥行きがある。庖丁についてのあれやこれやは、それぞれの店や料理人の歴史や個性、さらには背景にある哲学を物語ることが多いのだ。

わたしの仕事場は大阪キタの堂島浜にある。四つ橋筋を渡れば、銀座と並ぶ高級歓楽街の北新地である。北新地の歴史は元禄時代（１６８８〜）に遡る。北新地は「天下の台所」を支える堂島米市場や諸藩の物産を扱う中之島の蔵屋敷と目と鼻の先。抜群の立地ゆえそこに出入りする武家役人や蔵元、掛屋などの商人の接待や遊興の場としての遊里として賑わった。

　現在の北新地は大阪駅がある梅田の南、国道2号線から堂島川まで、東西は御堂筋と四つ橋筋に囲まれた250メートル×400メートルぐらいのエリアだが、そこに3000とも4000ともいわれている店がひしめいている。コンビニや花屋、薬店など以外、すべてが高級クラブからラーメン店まで飲食店で構成されている。完璧な「夜仕様の街」であるところが、銀座やミナミといったほかの歓楽街と違ったところだ。

　そんな北新地を「普段づかい」で食べ飲みするには、店選びからしてたいへんだ。食事主体の店であっても基本的にクラブやラウンジと同じの「顔の世界」で、ほとんどが「一見お断り」いや「一見では行かない」暗黙のルールがある。だからメニューを外に出している店以外は、どんな店なのか入っていいかすらわからない。他所よりも割高で有名な「新地価格」も怖い。したがって北新地で食べ飲みするのには高度な街的偏差値が要求されるが、わたしは幸か不幸か四半世紀の間、北新地が地元になっている。

　その北新地で、ここ十年ほど週1ペースの行きつけの鮨屋に［写楽］がある。わたしが仕事帰りによく行く店だから、決して高い鮨ではない。東京の寿司田グループの店で、北新地にはグループ内でもスタンダード店の［写楽］が3軒、高級店の［乾山］［新乾山］［古径］の計6店がある。鮨はやっぱり東京だ、とはよく言われるが大阪でも東京系は確かに強い。

　その［写楽大阪北第一店］はパブリックな店だが、北新地堂島上通、高級クラブが並ぶ抜群の立地にあり、平谷史郎さんという36歳で店長代理をしている板前がいる。満席時にはコの字カウンターに30人もの客がずらりと並ぶ大きな店で、前後左右4〜5人の板前がそれぞれの付け場に立ち、前の5〜6人の客に向かっている。

わたしはいつも平谷さんの前に腰掛けるのだが、平谷さんはまな板を前にばしっと庖丁を握っている。かと思えば、付け場を離れて魚を火で炙ったり食材を取りに行ったりするときには、広い厨房内をまるでスポーツ競技のようにきびきびと動く。声が大きく少しイラチな気質も、これぞ大阪の板前である。

名門［福喜鮨］の出らしく、にぎる鮨はしばしば本手返しを見せる。手品のように右、左、右、左と鮨を渡し替えながらにぎる伝統的な作法だ。「やっぱり手数多い分、しっかり形が整うんですわ」とのことだ。

シャリを右手で取って軽くシャリ玉をつくり、それを左手のすし種に載せ合わせてにぎる時に、たまにネタのボリュームに応じてシャリの量を微妙に減らすのだが（捨てシャリ）、その際に右手の指でシャリ玉を素早くちぎって木桶を叩いてそれを落とす。これも［福喜鮨］独特の作法だが、ポンという音が何とも男前で粋でかっこいい。

わたしはこういうのを見るのが好きで、鮨屋や割烹、さらに串カツ屋やお好み焼き屋までカウンタースタイルの店をつい選んでしまうのだが、特にこの捨てシャリの音が楽しみで平谷さんの鮨を食べに行っている。捨てシャリは本来……、と指摘するグルメとは逆だ。

平谷さんは平然と「シャリは何グラムで……、とは違いますから。ネタの厚さ、大きさで加減するんですが、にぎる鮨の高さ大きさは、ネタとシャリを合わせるときの左の掌のこの部分（指の付け根と第二関節の間）が覚えてます」と言う。グッとくる鮨職人ならではの台詞だと思う。そして捨てシャリはよく見ているとほんの数粒だ。

いつもカウンターを挟んで顔を合わす平谷さんが、［有次］の庖丁を使っているということを知ったのは、まったく偶然だとはいえ幸運だった。そこから「有次の庖丁」繋がりで、ミナミの有名店［福喜鮨］や同じ北新地の蕎麦の名店［喜庵《よろこびあん》］を取材させていただく運びとなる。平谷さんはこの店で板前をする前、［福喜鮨］で八年間修業をしていたのだ。

［福喜鮨］は、大阪の店や街事情にくわしい人なら誰もが知る、創業百余年の名店である。本店は中央区日本橋《にっぽんばし》一丁目にある。「福喜」の文字があしらわれた打出の小槌が描かれている古びた大看板に、この界隈にここだけの大きな柳が立っている。堂々とした高級料亭のような店構えだ。このあたりは同じミナミでも、デパートや世界のブランドもののショーウインドウが並ぶ心斎橋あたりとは違って、なんばグランド花月や吉本興業本社があり、千日前道具屋筋や黒門市場に近い、より旧いミナミが残る場所だ。

ちなみに、ミナミは北新地と並び大阪を代表する歓楽街でもある。「夜の商工会議所」などといわれ、社用族や接待客が多い北新地に比べて、遊び方も身なりもくだけた感じの街の旦那衆＝自営業者の客が多い。風俗店や客引きも目立ち、よく言えば活力があり、悪く言えば柄が悪い。

「元東京柳ばし」と看板に肩書きするこの店は、東京は両国、柳橋検番前に明治四十三年（1910）に開店している。創始者の山本喜五郎氏は10歳で故郷福井を出て、路銭を稼ぎながら徒歩で三年かけて東京に来た。名門［鳴門寿司］で修業し、上野で屋台を出すなどした後、福井の「福」と喜五郎の「喜」を取って［福喜鮨］を開店した。

その6年後の大正五年（1916）に大阪のこの地へ移転。江戸前などという言葉すらなかった時代に、最高のにぎり鮨を東京流の職人技で出し、大阪屈指の鮨屋として地位を築いた。その名人芸は逆に東京でも知られるところとなり、はるばる東京から修業に来る者もいたという。

太平洋戦争の空襲で大阪は丸焼けになったが、［福喜鮨］は戦後すぐに二代目喜七郎氏が再開し、ますます名声は高まる。ガラス製のネタケースや店内に生け簀《す》を取り入れたのも［福喜鮨］が日本初で、政財界の面々はもちろんのこと、高松宮殿下や志賀直哉もよく通ったそうだ。

大阪ではこの店は、ネタがどうシャリがどうの、といったグルメ的な言説など寄せ付けない超高級店として知られている。普段はミシュランの星などに眉一つ動かさないわたしの知り合いの地元ミナミの通人たちも、背筋を伸ばさざるをえないような雰囲気に「そんなこわい鮨屋、よう行かん」と遠慮するような鮨屋なのだ。現在は四代目となる山本哲義さん（51

歳）が代表取締役を務めるが、80歳になる「親方」三代目寛治さんが付け場に立ち、カウンターに座る全顧客の鮨をにぎる。この店の伝統である。

平谷史郎さんは、日本有数の大阪あべの辻調理師専門学校から学校推薦で［福喜鮨］に入った。「どうせやるんやったら、一番ええ鮨屋で」ということだった。当時19歳、もう二十年近く前の話だ。「軍隊より厳しかったんちゃいますか。夜逃げする新人もいてました」。そう笑いながら平谷さんは回想する。

まず入社式の日、「よう来たな、がんばりや。さあ行くぞ」と先輩に言われ連れて行かれた先が近くの散髪屋だった。即座に丸坊主にされ、文字通り「ぼうず（新入り）」となって、「はい」という返事から徹底的に叩き込まれた。そしてその日から店の階上に住み込みで働いた。

「家が歩いて1分のところにあろうが、強制的に四年間住ま（わ）されるのが［福喜鮨］の決まりです。まあ、朝3時とか4時頃起きて、着替えたらすぐ仕事やし、住み込みの方がそら楽ですわ」という厳しさなのだ。

店から堺筋を渡ってすぐにある、大阪中の板前、料理人など玄人筋が客のほとんどを占める黒門市場の店の間で「一番ええ魚を言い値（値段交渉なし）で買う」と噂される最高の素材への執着は、「ワサビにしても1キロ持っていったら700グラムは返品される」という姿勢にも現れる。「大会社の社長といった抜群の客筋が、さっと食べて飲んで、丁寧にお辞儀して帰る」親方の卓越した技術、毎日名物の玉子焼きだけを焼いて帰る職人までいる。「シャリと海苔だけでもすでに十分うまい完璧な鮨」を客に出す名門［福喜鮨］で、平谷さんは八年間庖丁の腕を磨いた。

そんな［福喜鮨］では、先輩の2人が、［有次］の庖丁を使っていた。ひとりは親方が「技術はあいつに訊け」と言うほどの腕前を持つ職人であり、もうひとりは阪急百貨店の「出店《でみせ》」（百貨店店舗のこと）で長く店長をしていた山仲正哲さん（63歳）である。

平谷さんは「なんせ、その大先輩たちは、本手返しのにぎり方ひとつを見ても、惚れ惚れするような鮨職人さんでして……。やっぱりその先輩方が使う庖丁を使いたくなるもんです」と語る。この気持ちは、山仲さんはじめ［福喜鮨］の板前がネタを切り鮨をにぎる姿を見ると、わかりすぎるぐらいにわかる。

平谷さんは［有次］の庖丁を使いだして「もう十年以上になりますかね」とのことだ。鮨職人定番の柳刃刺身庖丁尺1寸（33㎝）は本焼きだ。その前は同寸の霞仕上げの「上製」を使っていた。念願の本焼きは今年買ったばかりである。「研ぐのに3倍時間かかりますわ」と笑いながら見せてくれる。砥石は目の細かさの違いで3種使う。

中砥の2000番から仕上げ砥の5000番に上げ、9000番の順で仕上げないと具合が悪いという。

柄は別注で美しい黒檀。白いヨーロッパ水牛の角をくり抜いた口金が柄と庖丁をつないでいる。［有次］独特の女性の眉のような切っ先が美しく、全体が深い鉄色に光っていて惚れ惚れする。

「子どもも出来たし、それもあって、［有次］に行きました。本焼きの名人（沖芝昴さんのことである）がもうすぐ引退すると噂で聞いていて、買わなあかん思たんです」ということで京都の錦市場の本店へ出向いた。武田昇店長が旧知の客のようににっこりと迎えてくれ、「本焼きの刺身庖丁を」と言うと、「こっちへどうぞお入り」と店の奥に案内された。

武田さんは暖簾の奥の部屋に入って数本の本焼き庖丁を木の台に載せて持ってきて、時間をかけて丁寧に見せてくれたと言う。後日、別注の柄と仕上げ研ぎが完成した庖丁を「ベビーカーに子どもを乗せて、嫁はんと一緒に取りに行きました」。若い板前らしいちょっと良い話だ。

そして魚を捌く愛用の出刃は相出刃庖丁6・5寸（19・5㎝）。こちらもプロ仕様の「上製」であり、特徴ある銘の切り方から、やはり堺の打刃物名工・沖芝昴さんが打ったものと見受けられる。「手にしてみて、ものすごくええな、と思てますし、長く使てますます愛着があります」と続く。この使い込まれた相出刃も、出刃庖丁より細いフォルムを際立たせるように美しく光っている。日頃の研ぎと磨きの丁寧さがわかる。

［福喜鮨］の蛸引庖丁の謎

平谷さんがあこがれ、［有次］を使うきっかけになった先輩のひとり――山仲正哲さんはリニューアルしたばかりの阪急百貨店（うめだ本店）の13階にある［福喜鮨］で、定年後も7人の職人を見守るように店に立っている。

山仲さんは昭和四十五年（1970）、大阪万博の年に20歳で［福喜鮨］に来た。

「親方（山本寛治氏）が蛸引（庖丁）をずっと使てはったんですわ、［有次］のを。それで一人前になったら同じ［有次］を使いたいという願望がありました」

その先輩も同様に親方の仕事を見て、あこがれていたのである。ちなみに蛸引庖丁は東京型の刺身庖丁で、刃先まで水平に真っ直ぐの刃がつき、切先を尖らせず直角に断つ形状が特徴だ。山仲さんの話から［福喜鮨］の三代目が、未だに東京式の伝統を受け継いでいることがわかる。

山仲さんは平成に入る一年前の昭和六十三年（1988）、阪急店の店長に任命される。こういうときに鮨職人は、心機一転新しい庖丁を求めることが多いという。

「偶然同じ阪急（百貨店）に［有次］の売場があったんです。これや、と思て即座に買いましたよ。そらずっとあこがれていた親方の庖丁ですから。蛸引違て柳刃でしたけど」

山仲さんは板前定番の尺一（尺1寸）の柳刃刺身庖丁、そしてその数年後に8寸（24㎝）

の出刃庖丁を同じ阪急百貨店内の［有次］で買った。それ以来、柳刃は同じものを五〜六年毎に買い換えてもう4本目になる。「阪急内で買えば従業員割引で、ちょっと安なりまんねん」と笑うところが大阪的だ。

［有次］の庖丁については、「切れ味がいいし、研ぎやすいのが良い」と指摘する。というのも［福喜鮨］では、魚を捌く際の出刃庖丁は仕上げを「二枚刃」（二段刃とも言う）にする伝統があるからだ。二枚刃は庖丁を研ぎ終えて仕上げる際、切刃の先端のほんの少し（1㎜前後）を鈍角に研ぐことで付ける。これで硬くて太い鯛の骨やアラ煮《だ》きにする頭などを叩き切る庖丁の刃が、欠けたりこぼれたりしにくくなる。

［有次］の武田昇店長によると、叩き切る部分――アゴから根元数センチだけを二枚刃にする職人が多く、また［有次］もそれを勧めることがあるが、［福喜鮨］の職人たちのように、切先からアゴまで庖丁全体を二枚刃にするというのは、あまり例を見ないという。

二枚刃にすると当然、切刃の先の部分が鈍角になるので、通常の鋭い真っ直ぐの刃のものより「切れない」というように考えられるのが道理である。しかし［福喜鮨］では、出刃庖丁全体に二枚刃を付けることが伝統である。

先の平谷さんは「ぼうずの時代から、全部に二枚刃を付けろ」と言われてずっとそうしてきた。

「ヒラメを五枚に下ろしますよね。その時に一枚刃やったら、刃が骨にかかってしまう。すーっと下ろせないんですわ。二枚刃のほうがよう切れるんちゃいますか」

一方、山仲さんも「二枚刃にすると大きな魚、とくに鯛の骨に勝てるんです。まあ、小さなコハダもこれで捌きますが」とその汎用性を語る。

本家［福喜鮨］の山本哲義さんに話を伺いに行く。

するとわざわざ自分の出刃庖丁と白木の板まで持ってきて、「二枚刃は欠けにくくするためのもので、切れない、と言われますが……」と使用中の庖丁を見せてくれる。なるほど微妙に切刃の刃先――ほんの1ミリあるかないかくらいの幅で刃金の光り方が違い、微妙に鈍角の段がついているのがわかる。けれども実際に板に刃をあてるとすっと食い込み、とても鋭利だ。

「こちら（大阪）はやはり鯛を多く扱います。頭やアラとかも庖丁で割る。その大きな鯛の骨に負けてまわんように、昔から二枚刃にしてるんやと思いますが、仕上げの時にこう庖丁を少し立てて、しゅっしゅっとやるだけです。それで裏を研ぐ。度が過ぎると全然切れんようになるから、若い子には、やり過ぎたらあかんで、と言うてますが」

この二枚刃の付け具合は「その人の感覚なんです。微妙に違う」とのことだ。

切刃の幅はもっと違う。「親方」である二代目寛治さんの使い込んで短くなった出刃庖丁を見せていただいたが、切刃がほんの3ミリぐらいで、洋庖丁のペティナイフみたいである。そういえば「標準」だと聞いた、山仲さんの出刃庖丁のそれは14ミリだったな。

だいたい鮨屋や料理店では、庖丁は料理人自前の「マイ庖丁」を使う。基本的にどこの庖丁のどんなものを使おうが構わない。けれども鮨屋の場合は、魚を捌く出刃包丁（平谷さんは出刃より細長い相出刃庖丁を使用）と刺身を引いたり細工したりする柳刃庖丁の2つを持つのが定石だ。興味深いのだが、多くの職人を抱える［福喜鮨］でも、刺身用に東京型の蛸引庖丁を使っているのは、親方山本寛治さんとその息子の代表取締役の哲義さんほか数人だけである。

蛸引庖丁については、喧嘩っ早い江戸っ子が庖丁を使って刺さないように切先を四角にしたとか、江戸時代から江戸前でよく獲れた蛸の丸い足を切るのに適していた、とか諸説あるが、今や東京でもほとんど目にする機会が少ない（わたしは見たことがない）。ここは辻調理師専門学校技術顧問の畑耕一郎さん（65歳）に伺うことにする。

大阪では蛸引庖丁を昔から使っていない。もともと江戸前鮨の板前は、板の間で座って庖丁を使っていたし、まな板は下駄を履いた（下駄のような歯がついた）形で、低い位置にあるから、刺身を引く腕の動きも真っ直ぐに引き切るだけになる。関東の刺身はそうした引き造り・平造りなので、刃先まで一直線の蛸引の形になった。関西では白身を薄造り・そぎ（へぎ）造りにすることが多いので、蛸引では使いにくかったのだろう。その後、板前が立って仕事をするようになると、庖丁を引く際に弧をえがくように動かせる。だから柳刃庖丁が理にかなっている。

そういう畑さんの説明だが、「［福喜鮨］二代目の喜七郎さん、今の親方の寛治さんの〝切りつけ〟の仕事ぶりを見せてもらったことがありますが、切先が直角ではなくちょっと丸うくなってました」と微妙な点を指摘する。

［福喜鮨］には正座して鮨を握っている古い写真が残っている。多分戦前のもので初代喜五郎氏の頃の一枚だろうと山本哲義さんは推測する。「二代目喜七郎の代にはすでに立って握っていたでしょう。けれどもわたしが子どもの時ですが、本店では三代目寛治も同世代の名人の川崎、石井さんも3人とも蛸引を使ってました」とのことだ。

「喜五郎は酒を飲む際、息子に必ず正座をさせたようなとても厳しい人でした。わたしの祖父（喜七郎氏）にも強制して東京流の蛸引庖丁を使わせたのでしょう。だから父親も当然蛸引で、柳刃庖丁は一回も使ったことはないです」

そう語る哲義さんは［吉兆］で修業したあと、生家の［福喜鮨］に入る。［吉兆］では当然、上方型の柳刃庖丁を使っていてそれに慣れているので、店に入ってもそのまま使いはじめた。父であり親方である三代目の寛治さんは、蛸引庖丁を使うことを強いるということはなかったが、そばに置いている哲義さんの柳刃庖丁を見て再三、「尖った切先、危ないんちゃうか」と言ったという。

「ここに入ってしばらくして、やはり蛸引庖丁を使うようになりました。使い勝手はいいですよ。大葉とか刻むのは向いてないかもしれませんが、鮨ネタだけでなく細巻きも太巻きも蛸引で切ってます。切る時の最後は庖丁を引きますから、刃元が厚く刃先が薄くなってる柳刃よりも、蛸引は刃の厚みが一緒なのでかえって真っ直ぐに切りやすい。それと余談ですが、飾り用のバランはすごく切りやすいです」

［福喜鮨］の太巻きは直径10センチはあろうかという超弩級の巻き寿司だ。それを本来刺身を引くための蛸引庖丁で切っているとは驚きである。そして持ち帰り用の折を開けると、豪華な太巻きにさらに表情を付けるように切り込まれた見事なバラン細工が目に入る。

東京でも蛸引庖丁を使う板前や料理人はもう1割ぐらいだろう。大阪の鮨屋［福喜鮨］、それも本店の三代目山本寛治、四代目哲義両氏のお二人はいまだに蛸引庖丁を使っている。その三代目の愛用の1本が［有次］の蛸引庖丁だった。もともと蛸引庖丁を使わない大阪の庖丁屋の店先では、ほとんどそれは「うちは庖丁専門店です」というディスプレイの役目だけになっているが、寛治さんが使っていた［有次］の京都ではどうだろう。

大正時代の［有次］の型録である「商報」にはすでに蛸引庖丁はリストアップされている。堺の沖芝昂さんの先代吉貞さんが鍛造していたものだ。武田店長によると「うちはわりと蛸引を並べてますが、月1本出るかどうか……。それも東京の職人さんが求めはるのか定かではないです」。が、「そういえば」ということで、京料理割烹［たん熊北店］の話が出た。

「以前、［たん熊（北店）］さんが、鮨職人を招いて鮨の講習をしたことがあったんです。講習の際、その職人さんが鮨を飾るバランを切り細工するのに蛸引庖丁の先の部分を使いました。それ以降［たん熊］さんは、うちの7、8寸（21㎝、24㎝）の蛸引をバラン用に使《つこ》てくれてます」

［福喜鮨］四代目の山本哲義さんが仰ったとおり、蛸引庖丁の切先の角部分の微妙な形状は、バランを切るのに便利なのだ。そして確認すれば［たん熊北店］ではそれだけに使っているという。ハモの骨切り専門の骨切庖丁もしかりで、まったく京料理の世界での庖丁の話はユニークというか贅沢というか。

［福喜鮨］が東京から大阪へ移ってきた大正時代、大阪では需要がない東京流の蛸引庖丁は店頭に並んでいなかったのか。それで［福喜鮨］の初代や二代目は、京都の［有次］で蛸引を入手したのか。

「うちでは近所（日本橋二丁目）の［正直《まさなお》］（明治期創業の老舗だ）の庖丁を使っている板前が多いですが、（たれを塗ったりする）刷毛はずっと［有次］のはずです。だから確かに［有次］を使っている親父は、京都まで買いに行ってたんちゃいますか」と四代目哲義さんは語る。

「そのへんは、三喜男叔父さんが知ってるはずです」

三喜男叔父さんとは山本三喜男さん（63歳）で、大阪北新地の蕎麦屋［喜庵］のご主人である。仕事場から遠くない［喜庵］へはちょくちょく食べに行くので、懇意にさせていただいている。

［福喜鮨］二代目喜七郎氏の一人息子である三喜男さんは、17歳のとき［福喜鮨］を飛び出し、北海道釧路の蕎麦屋の名門［東家総本店］へ修業に出た。そして五年後の昭和四十七年（1972）大阪に舞い戻り、23歳で北新地に［喜庵］を開店した。

「けったくそ悪いから、鮨屋はせんと蕎麦屋をした」という逸話は、地元では知る人ぞ知る事情であるが、創業四十年を越し、蕎麦ではなくうどんが定評の地元にあって「大阪の味の名店」として名を馳せている。明治十三年（1880）創業の［かんだやぶそば］（2013年2月の火災後、再建中）の子息も修業に来たという話は有名である。

大きな声で鋭く話す、豪放磊落な三喜男さんを訪ねると、そこには何と［有次］の蕎麦切庖丁があった。はて……。

第八章 ［有次］の蕎麦切庖丁

「見て感じた」麺切庖丁。北新地［喜庵］

北新地のど真ん中にある［喜庵］は蕎麦屋であるが、日本橋［福喜鮨］の直系の息子が主であるにふさわしい、料亭のような偉容を誇る。

大正の初め［福喜鮨］の創業者は、東京の柳橋から大阪の日本橋へ移ってきた。その一家はいまなお刺身を引くために東京流の蛸引庖丁を使っている。初代山本喜五郎氏の直系である二代目喜七郎氏、80歳を超えた今も現役で鮨をにぎる三代目の寛治さん、そして四代目となる代表取締役の哲義さんという「山本家」の縦のラインに沿って使われてきた蛸引庖丁のひとつに、京都の［有次］製があった。

二代目の一人息子で、蕎麦の名店［喜庵］当主である山本三喜男さんも［有次］の蕎麦切庖丁（麺切庖丁）を使っている。

［福喜鮨］と［喜庵］。業態は違えど大阪屈指の「旨い店」である山本家の2店がどうして京都の［有次］なのか。庖丁で繋がった一本の線に導かれるように、［喜庵］を訪ねて三喜男さんに話をうかがうことになった。

　蕎麦切庖丁は薄く伸ばして折りたたんだ蕎麦生地を、細く切って麵にするためだけに使われる。切刃が柄の下まで長く延びており、まるで四角い大きな一枚の刃金の横から3分の1ぐらい、柄にする部分だけを残して切り取ったような特殊な形状をしていて、数ある庖丁の中でもとびきり大型で重い。したがって扱いに熟練が必要であり、また蕎麦打ちの最後の工程に使う道具ゆえ、職人たちのこだわりが深く反映する。おまけに高価だ（［有次］上製麵切庖丁尺1寸は9万３００円である）。

「わたしは［有次］を使《つ》こてますが、［福喜鮨］の庖丁は［正直］です。（難波の）道具屋筋を出たところのね、ちっちゃい店でおっちゃんがいてる庖丁屋。全部そこのんですわ」

　期待していた答えではなかった。加えて父親の喜七郎氏や三代目を継いだ寛治さんが使う庖丁の中に、［有次］の蛸引庖丁があったことを三喜男さんは知らなかったのである。

　さもありなん。それは三喜男さんは、大阪きっての名門である［福喜鮨］を17歳の時に飛び出しているからである。そして「けったくそ悪いから、鮨屋はせんと蕎麦屋をした」。

「ぼくと姉は、12歳違うんですよ。（三代目になる）寛治さんは、うちの婿養子で、おれが一人息子なんですよ。そんで〝喜〟というのが名前にも入っとるんです」

庖丁の話そっちのけで、そう切り出す三喜男さんの話は、この上なくドラマチックである。

「ガキの頃の旧い写真にあるんですが、小さい頃からもう、がぼがぼの白衣を着て、生意気に親指を中へ凹まして、こないして鮨をにぎる格好をしてるんですよ。おばあちゃんか誰かが喜んだんでしょう、［福喜鮨］の後継や、言うて。それが中学生ぐらいのときに、偽善じゃないかと思ったんです。よう考えると、姉と年が12も離れているから、親父は後が心配ですわな。そやから姉とうちの番頭さんを結婚させて［福喜鮨］を継がせ、ぼくが成長するまでは……と考えていたと思うんですよ」

しかし、話の最後の部分はそのようにはならなかった。

「昨日まで店で『カンちゃん』言うてた人に、ある日突然『明日からお義兄《にい》さんと呼べ』て言われるわけです。何を言うとんねん、と思たりもした。それでぼくが鮨屋を継ぐと言うたとき、姉は泣くやろなこれは苦しむな、と思いました。（自分こそが）ほんまの直系やないかい、とそんなことをぼくが言うてですよ、ほな姉の立場どうなんねん、と。中学生のときに子ども心にもそう思たわけです。そんなんで、鮨屋はもういらん（したくない）、と言うたわけです」

三喜男さんは大阪を飛び出した。昭和四十二年（1967）、17歳の時である。行き先は北海道釧路の［東家総本店］。北海道屈指の蕎麦屋である。大阪ミナミど真ん中の老舗有名店である鮨屋の一人息子が、最果ての地・釧路の蕎麦屋に修業に出るとはユニークすぎる話だ。

「五年間一日も帰ってくんな、と親父（二代目喜七郎氏）に言われたんですよ。ほなら店持たしたる言うて」

どうして、同じ「食いもん屋商売」でも蕎麦屋なのか。

「堺の宿院《しゅくいん》に［ちく満《ま》］ありますやろ」

と話が始まる。［ちく満］は元禄八年（1695）創業というとてつもなく古い老舗の蕎麦屋だ。メニューは熱い蒸籠《せいろ》蕎麦と酒・飲み物類のみ。1～2階の大広間の床にずらりと4人掛けの座卓が並ぶ（優に100人は座れるだろう）大店であり、このような蕎麦屋は類を見ない。紀州街道沿い旧市街地のど真ん中の宿院交差点のすぐ西、千利休屋敷跡はちょうど店の裏のブロックにある。［有次］の寺久保社長も堺の打刃物産地問屋に出向く際にはよくこの店を訪れる。大阪も堺も世間は狭いものだ。

「今も出してますけど、うち（福喜鮨）は髙島屋（大阪店）に出張店を出していて、［ちく満］さんも出てはったんです。親父同士仲良しやったんですわ。それで『蕎麦はよう儲かるよ』って聞かされてた（笑）。鮨屋みたいなもん、ネタ残ったらどないすんねん、もうあしたは、という（無駄のある）商売やないですか。けれどもほんまは『蕎麦屋へ行け』言うたんも、『5年間一日も帰ってくんな』言うたんも、このぼんぼん、すぐケツ割って（投げ出して）帰ってくる。『ほら、見てみい』いう感じで、多分鮨屋の修業に引き入れよと思いよった、とぼくは思いますねん」

話の内容といい、台詞の調子といい、まったく浪花節的ドラマの世界である。しかし極寒の地のその五年間は、三喜男さんにとっては楽しい修業だった。

「ところがどっこい、もうパラダイスやったけどね。釧路は北洋漁業の基地ですねん。それも全盛の頃で、漁師イコール男を楽しませる産業がすごいんです。女の子は純情やし色白いし。帰りたいどころか、そんなもん（笑）」

ちょうど美川憲一が『釧路の夜』で紅白に初出場していた頃、本当に五年間一日も帰らずに釧路で蕎麦修業した三喜男さんは、昭和四十七年に大阪に戻り、23歳の若さで北新地に［喜庵］を開く。

閑話休題、［有次］庖丁の本題に戻る。

三喜男さんが［有次］の麺切庖丁を使うようになったのは、［喜庵］を開店して十数年後、「35歳か40歳くらい、そのへんちゃいますか。若いもんが阪急（百貨店）に出てる蕎麦切庖丁を見て『ものすごいきれいな庖丁です』言うので、見に行ったんですよ」。

その庖丁はその通りで美しかった。そのうえで「見て感じた」という。ぽんと真っ直ぐ庖丁を落とすだけで自然に駒板が蕎麦1本分左に送られる――「ほんま微妙なもんですが、その庖丁はそうなっている（ほんの少し裏が凹んでいる）。そう感じて買い求めたん覚えてますわ」。

微妙に「そうなってる」1本目の麺切庖丁は、今二番弟子が使っているということだ。

「辞めよる時に『持って行けや』言うて、やった（あげた）と思いますわ」。

「その庖丁がたまたまそうなってたんかも知れません。今のは、ほら（と見せて）真っ直ぐぺったんこで、使いこなすにはやっぱり店長になるぐらいの熟練度がいるんです。やっぱり庖丁が蕎麦打ちを選んでるんやと思います」

今［喜庵］にあるこの［有次］の庖丁は、親方の三喜男さん以外は使っていない。「下のもんに使わすつもりでおりますけど、今まだ、なかなかそこまで来てませんね」ということである。［有次］の麺切庖丁は慣れない初心者にとっては、重さがネックになり、また悪い癖が付いてしまうことがあると言う。

「初心者に蕎麦切りを［有次］でさせると駄目ですね。初めから持たすと、駒板を送るために無理に庖丁をずらせるから、途中で手が上がらなくなったり、腱鞘《けんしょう》炎になったりしますね。そやから始めはステンレス、今やったらモリブデンのですな。軽い庖丁で練習させて、相当熟練してきたな大丈夫やなと思うとこに［有次］を持たせると、ぴったりくるんですよ」

この［喜庵］で修業して独立し、「喜庵」の看板を上げる弟子たちは全国に4人いて、「みんな［有次］使てる」とのことだ。［喜庵］の蕎麦は厚さ2ミリに伸ばす。それを2・2ミリの幅に厳密に切る。

「お湯の中で膨らみますやろ、伸ばしたやつが。ちょうど正方形になって揃う。こうして

（手振りを入れながら）斜めに落としたのはあかんでと。太いの細いのがあって、それが手打ちやって世の中の人は思てるわけですが、それはただ下手くそなだけ。切って、ぱんとひっくり返して、裏も表も一緒で同じ風情を持ってないとあかんのです。［有次］の庖丁はしぶといから、使いこなしたら常にそういうふうに切れるようになれます」

［有次］の麺切庖丁は、刃渡り8寸（24㎝）から尺2寸（36㎝）まで、1寸刻みで5種ある。同時に重さのバリエーションがあり、プロの業務用に一番多く使われている尺1寸では、重さが850グラム、950グラム、1100グラムと3種が既製品として用意されている。蕎麦打ち職人たちは、自分が使いやすい重さをチョイスし、あるいは「何グラムで」と重さを指定して別注するプロも多い。プロ野球のバットみたいだ。鍛造は堺打刃物の産地問屋［大江商店］が、一連の堺の鍛冶屋と刃付け屋に発注、和庖丁同様メイドイン堺である。

この麺切庖丁は、今では［有次］の主力製品の一つになっているが歴史は浅い。武田昇店長がこのように語る。

「京都に［有喜屋《うきや》］さんという老舗の蕎麦屋さんがあるんですが、製品としての進化は［有喜屋］さんあってのことです。蕎麦打ち教室も毎週されていて、そこで習ってきた一般の方の声もお聞きしてます。いや、かえって趣味で蕎麦打ちをされている一般の方のほうがなにかと細かい（笑）」

柳刃刺身庖丁や出刃庖丁もそうだが、料理マニアやグルメにも絶大な支持があるのが［有次」製品である。文句なしの「京都ブランド」とも相まって、そのレンジの広さ深さが「シロウト客」を区別する大阪の道具屋筋あたりの調理道具店との違いのひとつなのだろう。

京・先斗町［有喜屋］

お茶屋が並ぶ先斗町三条、歌舞練場北隣にある［有喜屋］（本店）は、昭和四年（１９２９）創業の老舗蕎麦屋だ。白生地に墨色で「京都」という篆書《てんしょ》体、大きく太く「有喜屋」と楷書で染められた暖簾に加えて、手書きの「純手打そば処」の小さな垂れ幕が出ている。

この店で生まれ育った三代目店主の三嶋吉晴さん（56歳）は、平成十九年に麺料理技能士で初めて全技連マイスターに認定、平成二十三年に厚生労働大臣から「現代の名工」として表彰され、平成二十五年黄綬褒章を受章した日本を代表する手打ち蕎麦職人の一人だ。

三嶋さんによると、古都・京都では「なぜか本来の手打ち蕎麦はなかった」。１９７０年代半ばには、第一次手打ち蕎麦屋ブームのような動きが京都にあったが、それは自家製麺さえしていれば手打ち蕎麦であるという認識だった。けれども「それは嘘やろ」と三嶋さんは思っていた。

「子どもの頃から出前持ちやら手伝いやらしてたし、うちは機械打ちですが自家製麺もやってて、中学生ぐらいのときにはもう（製麺が）できたんです。だから修業に行かんでも蕎麦屋の仕事はわかる。が、自分では、蕎麦屋の看板上げてながら、蕎麦がつくれへんと思ったんです。粉から手づくりで生地をつくって伸ばして庖丁で切るという蕎麦打ちの原型を一からやらなあかんと。それでこの道に入ったんですよ」

10代の頃は「蕎麦屋はしんどいし、いややった」という三嶋さんだったが、「いよいよ店を継がないといけない状況」になって、名人・鵜飼良平氏がいる上野［藪そば］の暖簾をくぐり師事する。昭和五十一年（1976）、ちょうど20歳だった。京都に帰ってきたのは昭和五十五年（1980）である。

「東京に鞄一つで行って三年間勉強して、その間お小遣い程度に貰って貯めてたなけなしの30万円で、全部道具買って帰ってきたんです。木鉢2つと庖丁2本、のし棒、巻棒、駒板でした。庖丁は［正本］にこだわりました。これで一応手打ちができます」

京都に帰った三嶋さんは、実家の［有喜屋］になかった手打ち台をつくり、本格的な手打ち蕎麦に取りかかろうとする。それは「京都では、うどん屋とか食堂で食べてる〝蕎麦〟から、ちゃんとした道具を使って、ちゃんとつくった〝手打ち蕎麦〟へと、蕎麦の位置づけをお客さんに認知してもらうことからやったんです」。

京都ではそれまで蕎麦はうどんのついでにあるものだった。

その際、持ち帰った東京製の道具を使って蕎麦打ちをしたが、地元京都の客に出すことにどうしても引っかかった。こういうところに京都人の矜持、いや美意識が読み取れる。

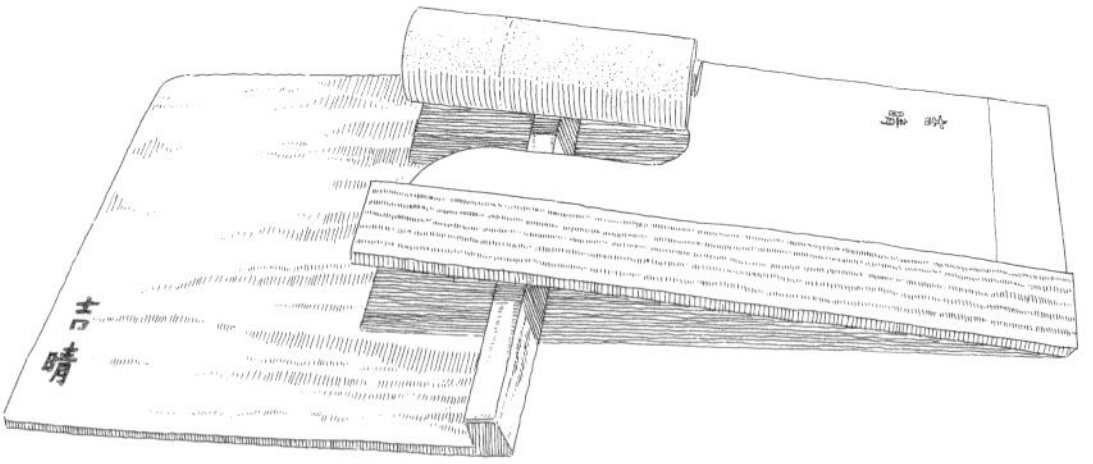

［有喜屋］で使用中の麵（蕎麦）切庖丁。木製の鞘に収められている。

「格好つけるためというのもあったんですが、やっぱり京都でスタートするんやったら京都の庖丁でやりたい。京都で一番の庖丁屋といえば［有次］さんですよね。とりあえず行ったんです。で、『蕎麦切庖丁はありますか』と訊いたら、『ない』言わはる。『蕎麦職人いてはれへんのに、蕎麦切庖丁、何で売れんにゃ（売れるんだ）』という答えやったんです。それで『ぼく蕎麦職人やさかいに、つくってくれますか』と訊いたら、『出来ます』言わはる」

そのような状況の中から、京都では例外的な存在だった手打ち蕎麦職人と［有次］の関係性が生まれた。おまけに東京上野の［藪そば］での修業帰りである。

三嶋さんが「尺寸（刃渡り30㎝）で重い目、柄は太い目、バランスは真ん中で」とアウトラインを指定し、すぐさま一番目となる［有次］製の麵切庖丁が出来上がってくる。「これでは切れへん」と三嶋さんがフィードバックする。切刃が中華庖丁のようにゆるい曲線になっていたのだ。このような刃の形状で蕎麦はうまく切れない。「たぶん蕎麦切庖丁の使い方を知りはれへんかったんでしょうね」と回想する。

次の庖丁が上がってくる。今度は切刃が「ぴちっと真っ直ぐ」だったが、これでは刃の先端がまな板に刺さってしまう。「前1センチから1・5センチの部分だけ刃を0・1ミリあげてほしい」と修正に出す……。そういう繰り返しだった。

「出来てきた庖丁にその都度『これはあかんで』と言うんですが、［有次］さんは言うた通り直してくれはる。その間こちらはこちらで、東京から持ち帰った［正本］の庖丁の柄に巻こうと鮫皮をさがしてきて、バケツの水に1カ月漬けて、身を削ぐのに2カ月かけて……と、工夫して工夫して、ようやく自分の庖丁が完成するんです。それが［有次］さんのノウハウになってるはずです」

麺切庖丁の持ち手（柄）は蕎麦職人それぞれ好みで、木柄を付けたり麻布を巻いたりするが、［有次］は別売で専用の鮫皮巻きの木柄を用意している。蕎麦粉にまみれる庖丁は滑りやすいから、鮫皮巻きは重宝する。しかしそれ以上に、三嶋さんの地元京都で手打ち蕎麦をどう伝えるかへの思いが反映されている。

「東京では料理屋と同じで蕎麦屋の格が高い。同じように、京都の蕎麦屋、蕎麦打ちを道具を含めて格好良くしたかったんです。せやし［有次］やないとあかんし、柄も絶対に最高級の鮫皮巻きにせなあかん。京都には文化、芸術を含め、京都しか持ってへん雰囲気がある、いろんなもんのなかの一つに蕎麦があって、日本全体の手打ち蕎麦から見て、その京都の蕎麦はどうやと」

その「雰囲気」のひとつが、［喜庵］の山本三喜男さんが「見て感じ」た、京都錦［有次］の麺切庖丁ではなかったのか。そして使うと「しぶとい」。

京都先斗町［有喜屋］の取材のすぐ後、大阪に戻って北新地の［喜庵］に行くと、たままま亭主の三喜男さん自らがレジにいた。鳥わさと塩辛で酒を飲み、ざるそばを食べ、おあいそ（勘定）時に［有次］の麺切庖丁の立ち話をした。「［有喜屋］さんの［有次］の庖丁の話に、完全にヤラれてまいますわ」と言うと、「この頃、京都ばっかりやな。あんたは京都趣味やからな、ハッハッハ」と大きな体躯《たいく》を揺らして笑った。この人は典型的な大阪人である。

京都の店の凄みは、雅や高貴さ、伝統や文化などさまざまな京都のイメージを商品に嵌《かん》入《にゅう》して、その店独自の「京都ブランド」の文物に仕立てていくことだ。

三嶋さんは、蕎麦打ちを始めて二十年目、平成八年（１９９６）に師匠である［藪そば］鵜飼良平さんの了解を得て、自ら塾長になり「そば打ち塾」を始めた。盛況に盛況を重ね、現在は入門クラスから塾師範まで７クラスを設けて開講している。そして一層進化した「有喜蕎《きょう》心《しん》流そば打ち塾」は、今や京都で独自のそば畑を所有し、毎年収穫して「京都そば」を打つまでになった。［有喜屋］の三代目は、「うどん屋と食堂の蕎麦」だった京都で、「ほんまの手打ち蕎麦」を普及させ、「ほんまの手打ち」に京都ブランドを刻印したのだ。

［有喜屋］では蕎麦切庖丁が販売されていて人気だ。三嶋さんは蕎麦打ち教室を始めて数年、

レベルが高くなった塾生用にと、［有次］にプロトタイプの［有喜屋］の麺切庖丁を依頼した。

「モリブデンとかの廉価なものではなく、ちゃんとした鋼の庖丁で鮫皮の柄。それでいてプロ用より安いもの。出来たら絶対に皆が欲しなると思いました」

この庖丁は酸化膜を磨き取らないままの昔ながらの「黒打」の「尺寸（刃渡り30㎝）」に仕上がり、表に［有喜屋］、裏に［有次］のダブルネームが入っている。

「［有喜屋］だけで売ってるそば打ち塾生用の蕎麦切庖丁であって、［有次］さんでは売らんようにお願いしました」

値段は5万円。本職用尺寸の刺身庖丁でも2万円そこそこだ。「たかがシロートの、趣味の蕎麦打ちに、高い道具やなあ」と思うのは、わたしが大阪の人間だからなのか。

第九章　板前割烹の誕生

鯛一匹を前に。板前割烹の世界［浜作］［たん熊］

いよいよ［有次］の庖丁と最も関係の深い京料理の世界に入ってゆく。地元京都の料亭、割烹、料理旅館……のおおよその板場で、［有次］製品を使っていない店はない。なかでも［有次］と最も関係が深い板前割烹の店が［たん熊北店］だ。昭和初期から現在にかけて、この店が京料理界と和食店の歴史のひとつの大きな流れとして、板前割烹を広く世に知らしめた功績は多大である。

［たん熊北店］は昭和三年（1928）に開店している。創業者は栗栖《くりす》熊三郎《くまさぶろう》氏であり、店名は修業をしていた［たん栄］の「たん」を引き継いだという当のこの店の説と、栗栖氏が丹波出身だったからという二説がある。大正後半期から昭和一ケタにかけてのこの時期には、大阪や京都で、カウンタースタイルの板前割烹が確立している。

ちなみに上方割烹の嚆矢《こうし》としてよく知られているのが、塩見安三氏による大阪新町廓の「即席御料理」と謳った［浜作］（大正十三年／1924創業）である。ちらりと紹介したがその塩見氏とコンビを組むことが多かった森川栄氏が、板前割烹の祇園［浜作］を開いたのが昭和二年（1927）。昭和天皇即位の大典が京都御所で行われる際、賓客に出す料理のため、腕を請われて京都に呼ばれ、そのまま祇園に開いた上方割烹である。

同様に料亭の世界では、大阪屈指の北浜［つる家］が、京都・岡崎に昭和三年（1928）に開店して現在に至っている。HPには「全国の貴族院議員並びに衆議院議員の先生方がご入洛されることになり、御宿泊、お食事の御奉仕をいたしましたのを機に開店いたしました」とある。賓客で賑わう昭和改元時において、京料理の世界が当時東京を凌いでいた「大大阪」の勢いを取り入れたのだといえる。

それまで料理店といえば、料理人が奥の厨房で料理して座敷に座る客に出すというスタイル（最上級が「料亭」である）だったが、後に東京をも席巻する「カウンター型割烹」の登場により、板前が客の目の前で「割る（切る）」「烹《に》る（煮炊きする）」ようになった。初めての上方割烹［浜作］において、森川氏が「割」の方つまり「庖丁方」（「向こう板」ともいう）であり、塩見氏は「烹」すなわち火を使う「煮方」だったという。

それゆえ森川氏は祇園で［浜作］を開店するにあたり、自分が担当する「庖丁方」に重点をおいたカウンター型割烹＝板前割烹をつくりだしたのだ。客の前で魚介を捌き刺身を引く……を持ち前とするこのスタイルは、板前の庖丁捌きを前面に押し出した和食のニューウェーブを生み、出来上がった皿の上の料理を鑑賞する以前に、板前の調理プロセスを見ることの楽しみがプラスされた。

森川栄氏の孫にあたる［浜作］三代目当主の森川裕之さんは、大学を卒業してすぐの昭和六十年（1985）から約三年間、京料亭の最高峰をになう［瓢亭《ひょうてい》］で修業しているが、それは「うち（板前割烹）と対極にある場所（料亭）で勉強したかったからだ」と語る。

客の求めに応じ即座につくる――客の前で見事な鯛を捌き美しい刺身を引く。板前は〝パフォーマンス〟を見せる花形であり、腕の見せ所となるのはいうまでもなく庖丁捌きである。庖丁は板前にとっては命の道具であると同時に、重要なアイキャッチである。「庖丁の腕と技」さえあればどこでも店が流行る「庖丁一本」の板前料理の興隆に寄り添うように、「庖丁屋」としての［有次］もこの時代に確立している。

［有次］の武田店長は「わたしは、先代の頃から道具を納めさせてもろてますが、初代からのお付き合いと聞いております」と語る。

さて日本屈指の板前割烹として知られる［たん熊北店］。

グループは本店を筆頭に、嵐山の［熊彦］、東京ドームホテルや軽井沢店まである［熊魚《ゆうぎょ》菴《あん》］を含め、約20店舗を数えるようになった。本店は廓《くるわ》の歴史を有する祇園ではなく、河原町四条を上がって三筋目を東に入った高瀬川沿いの庶民的な歓楽街に開店し、現在に至っている。そのあたりも京料理界のニューウェーブたる板前割烹らしいところだ。

そんな［たん熊北店］の流れのなか、とりわけユニークな経歴を持ち、現在は独立して祇園花見小路富永町で割烹［ふじ原］を開いているのが藤原一駿也《かずや》さん（54歳）だ。［たん熊北店］では十六年あまり庖丁を握っていたという。最後は副料理長だった。その間、パリのオテル・ニッコー・ド・パリの［弁慶］（［たん熊北店］が業務提携していた）に一年半、オーストラリアの日本大使館に出向し二年間活躍した。平成六年（１９９４）［たん熊北店］を退社、翌年中国・大連の［富麗華大酒店］の日本料理店［朋苑］の立ち上げに参画。平成十二年（２０００）京都に帰り、翌年に自らの割烹［ふじ原］を開店した。

そもそも藤原さんが［たん熊北店］へ就職したのは昭和五十三年（１９７８）のこと。前年に京都府舞鶴の高校を卒業し、調理師を志して名門の大阪あべの辻調理師専門学校へ進んだ。

「高校生がいきなり料理の世界へ入るのに、どの店を選んでいいのか基準がまったくわからない。とりあえず専門学校に一年行けば調理師免許をもらえるのと、その一年の間に自分が進みたい道みたいなんを探すというのがありました」

そう言う藤原さんは大阪に出て、その頃ハシリだったファミリーレストランに住み込みでアルバイトをしながら辻調へ通った。和洋中、お菓子そして栄養学や食品衛生などをひとととおり一年学び、［たん熊北店］へは推薦で入社した。配属先はリーガロイヤルホテル京都店（当時は京都グランドホテル店）だ。

「そのころは、まだイタリアン、フレンチとか区別はなくて洋食。パティシエとかいうハイカラな言葉もなかったし、中華へ行くやつもよっぽどでした。洋食へ進むか和食かやったんです。和食か、鮨屋か、専門職の天ぷら屋か鰻屋みたいに、極端に分かれてましたからそれで和食へ。大阪の料理旅館もありましたが、先生といろいろ話してますと、元々が京都出身ですから京都の方が良いだろうということで」

同期が20人いて、そのうち半数がリーガロイヤルホテル京都店へ。

「専門学校の時から［たん熊］は厳しい世界やというのはわかってました。頭どつかれる、蹴られるというのは当たり前やと（笑）。入ったその日から、もう15時間、16時間労働ですから、足は痛いし、腹は減るし、怒られるし、月に1回しか休みないし……。どんどん辞めていきますね、それまで学生で楽しんでいた新人は」

リーガロイヤルホテルではとにかく忙しかった。「1日に捌く魚介の量が、（［たん熊北店］系列の）よその小さい店だったら1日に鯛1匹なのに、こっちは30枚50枚使うんですから。マグロ、イカ、エビ……と、すべてがもう桁が違うんですよ」とのことで、ホテルだから朝食があり、そこで鮭をおろす数も違ったから「ぐんぐん上手くなった」。

ちなみに藤原さんによると、板前の庖丁の技術は、やはり一年、二年と「量をこなせば」

急勾配を描くように上手くなるが、五年後くらいからは横ばいで、その後は「腕を磨くこと」すなわち「感性を磨くこと」になってくると言う。つまり割烹の板前にとっては、「完璧におろせたからどうなの」ということになり、自己満足が到達点ではなく、「お客さんに喜んでもらって、また来てもらえるかどうか」だと言う。

板前割烹は客が目の前で見ている対面実演販売だ。基本的にメニューは目安として機能するだけで、「お客さんの言わはるもんをパッと出す」能力が要求される。客商売の最たるものなのだ。

たとえば京都の後輩編集者が先の［浜作］を取材がてら訪ねた際、同じカウンターに座った長年の常連客が「親子丼」と注文したのを見て驚いたことがある。一見はもちろん普通の客がそれをすると「一発退場」のところだ。が、三代目当主の森川裕之さんはその客に「あいよ」と答え、見事な庖丁捌きで鶏肉とネギを切り始めた。

このように割烹はカウンター越しでの「店と客の関係性」で「うまいもの」が決まってくる。割烹はミシュランのように「皿の上での判断で星がいくつ」、といったものとはほど遠い京大阪のきわめて街的な料理店のスタイルなのだ。

英国のチャールズ皇太子やチャップリンも訪れた［浜作］は、谷崎潤一郎が常連だった。冬はスッポン、春は明石鯛やタケノコ、初夏の鮎やハモ、秋の賀茂茄子や松茸、青葱やミョウガまで、京都産を好んだという。懐石のようなコース料理よりも、「今日は何々を食べたい」を優先する後者のような常連客にこそ、板前割烹の自在さライブさがフィットする。「腕利き名人のわたしが料理した○×」「今月はこの献立です」という一方通行ではなく、まずカウンターに腰掛けた客の意向やわがままありき、という食世界だ。街的な食というのは、料理する者と食べる者が共に創り上げていくものなのだ。

そのあたりの板前割烹の要諦を藤原さんはこう語る。

「鯛一本あるとしましょう。もし目の前に初めてのお客さんが座りましたら、どこから出そうか、とはたと悩むことになるんです。後で来はる人はうちとこの超常連です。お腹のところが4分の1あるとして、しっぽから使うと、一番先に来たそのお客さんに失礼に当たる。そういうところは奥の厨房でやってるとわからない」

カウンターを挟んで客を前にしたときの気遣いこそが、割烹の板前の技術ということになるが、そこに一般解はない。後にパリの割烹や要人のパーティーが多い大使館務めで、腕や感性を披露できたのも、「[たん熊]さんで働かせていただいた幸運」だと言う。

「一期一会じゃないですか。今日初めて会いました。ひょっとしたら、一生の付き合いになるかもわからない。その機会をお客さんの方からつくってきてくれはるんですから。そこから本当に何十年来の家族付き合いしている人もいるし、こんな機会を与えてもらったというのは、カウンター割烹をつくった[たん熊]さんですね」

その藤原さんの［たん熊北店］での修業の日々を庖丁を軸に振り返ってもらおう。

「坊主」つまり新人は、同期が多く「仕事の取り合い」だった。「洗いもんとか、先輩から言われた雑事ばかりですわ。人より早くきれいに先回りして仕事が出来ないと、次の仕事をもらえないのです」

「新しい庖丁を買わしてもらったのは、多分、半年目ぐらいじゃないですか」

「買わしてもらった」というのは、先輩が「こいつなら大丈夫」と了承して初めて、本格的なプロ用の庖丁を使えるということだ。調理師学校卒の場合、学校指定で一括購入した庖丁を柳刃、出刃、薄刃……と一通り所有している。［たん熊北店］の各店でも基本的に庖丁は個人持ちだから、自前の庖丁をまず使うのだが、プロの先輩が使っている庖丁との差が歴然と出る。「ぺらぺらというか、やっぱり安物」だったと言う。

まず先輩に「新しいのを使いたいんですけど」とお伺いを立ててそれが叶う。「仕事もできないヤツが、ええ庖丁を持つな」ということで、雑事として先輩の庖丁を「毎日軽く砥石にあてる」ことまで判断され、許しが出るのだ。自分の仕事に不可欠な道具となる庖丁の購入まで、完全な縦のライン＝徒弟制度である。

「それで［有次］さん呼んでもらえるんです。柳と出刃と（野菜用の）薄刃1本と栗剝き庖丁（薄刃の小型のもの）、それだけを何種類か持ってきてもらって、その中で選んで買わしてもらったんです」

［たん熊北店］の各店舗で先輩の板前が使っていた庖丁は、全部［有次］だった。月に1回か2回、定期的に［有次］からリーガロイヤル店に武田昇さん（現店長）が来ていた。京都という旧い街場の料理道具屋特有の「回り」のシステムが強力だった頃であり、［有次］は板場を細かく訪ねて庖丁以下の料理道具を納品し、その都度メンテや修理を行っていた。

「庖丁、砥石もそうやし、店の鍋やとかザルやとか、厨房の道具の注文や用事がナンボでもありました。今みたいに経費節減ちゅうようなことも言わなかったし。若い衆もそらエエ道具持ちたいしね。育ってもらわなあかんという気持ちが［有次］にありました」と武田さんは回想する。

念願であった先輩の許可をもらった藤原さんだが、「一年坊主が一度に4本揃えるのです。代金はね、あの当時はいい時代でね、〝ある時払いの催促なし〟でした」と語る。

月賦やローン、それについての契約書作成などといったビジネスなんぞではなく、まるで親戚の親父からお金を借りて、商売道具を買うような感じだ。つまり仕事を続けている限り、［たん熊北店］の看板が保証人になっているということなのだ。

「［たん熊］だからそうだったかもわかりませんけど、催促はなし。その時にあれば払っていく。［有次］さんと［たん熊］の職人との関係性があって……。武田さんはわたしが一番最初からお世話になっている方ですから、いまから三十五年前のことです。ほんで給料日になったらね、取りに来はるんですわ。そしたら、ぼくは隠れて（笑）。見つかっても、『今月はお金ありませんので』と。給料安かったですからね（笑）」

そこから［有次］の庖丁との関係性はどんどん深くなる。柳刃庖丁は最初は使いやすい「尺寸」を使っていたが、仕事をこなし腕が上がってくるにつれて「ちっちゃくなってくる」。毎日の研ぎを重ね徐々にちびてくるのだが、「力を入れなくても庖丁の重さで切れる、尺一とか尺二ぐらいのものが欲しくなってくるんです。やっぱり大きい庖丁の方が、数をこなしたりするには理にかなっているんです」。

そしてまた［有次］の新しい柳刃庖丁を買うことになる。とくに魚を捌く出刃庖丁については「本来は長く持つんですが、最初のころの仕事は荒いですから落としたりもして、ガンと欠けたり。そのたびに［有次］さんに削ってもらいますし、どうしても研ぐ練習をするので減りが早いんです」。

庖丁を握って五年目ぐらいには、柳刃も出刃も買い換えてより大きなものを使うようになるが、そのころには庖丁に対する意識も変わり、一層大事に扱うようになる。その庖丁に対しての意識が、和食の板前と新しく興隆した伊仏料理を含めた洋食のコックとの大きな違いだと藤原さんは言う。

「洋食の人に和庖丁の方が切れが良いから欲しいとか言われて、良いのを選んで薦めることがあります。でも洋食の人は、鋼は錆びるという基本的な認識がないのと、使い方が荒いのと研ぎ方がわからないので、すぐ刃こぼれをおこしてぼろぼろにしてしまいよるんです。庖丁に対する考え方が、和食と洋食ではまったく違います。カルパッチョをつくるのに柳刃庖丁が欲しいという人が多いんですけど、そこまで切れ味が（出来ばえを）左右する料理が洋食にはまだ少ないですし」

藤原さんが「たん熊」が業務提携をしていたオテル・ニッコー・ド・パリの「弁慶」へ出向したは昭和五十四年（1979）のこと。

「20人入った一年生の中でわたしが一番最初に声がかかったんですよ。大将（二代目の栗栖正一氏）から『ほな、お前行ってこい』と言われた」

「たん熊北店」から5人派遣された「一番の下っ端」だったが、パリからの指示が「鮨カウンターも設けるから」とのことで、まだ19歳の藤原さんは、「大将の直命」で鮨を特訓された。

階上の「レ・セレブリテ」では、ジョエル・ロブションが料理長をしていた。「毎日というか、しょっちゅう来ていましたよ」と藤原さんは語るが、その三年後にミシュラン一つ星シェフを獲得するロブションは、そこで京料理の繊細さを知り、その後の料理に大きな影響を受けることとなる。

料理道具としての和庖丁は、まだまだ洋食には遠い存在なのだろう。フレンチやイタリアンの料理人は、魚を洋庖丁で器用におろすが、同じ用途としての和庖丁を手にしたらどう思うのか。仏料理の巨匠アラン・デュカスは京都をしばしば訪れ、その際に必ずといっていいほど［有次］で料理道具を買い求めている。最近もデュカスは［有次］に来店し、その時に聞いてみたところ、すでに［有次］の庖丁を5本使っていた。鮮度のよい魚や歯ごたえのある野菜を調理する時に、［有次］の庖丁を使うとのことだ。ただしそれはプライベート時である。やはり仏料理の伝統は強固だ。

それより印象的だったのは、日本の庖丁が人間の手に合わせた「手づくりの職人文化」であるのに対し、欧州ではナイフを「工業製品」と考えていることだ。［有次］はビジネス的にも「手づくり文化の継承」としての見本、という位置づけをデュカスはしている。また砥石を使って庖丁を研ぐことは、彼らにとってはやはり難儀なことで、プロ中のプロのデュカスですら「定期的に職人さんに出している」とのことだ。

藤原さんがオーストラリアの日本大使館に勤め、専属の料理人をしたのは平成二年（1990）からの二年間である。

「オーストラリアの日本大使館へ行く大使がおられて、調理人を探している。結婚していること。嫁を連れていけること。子どもがいないこと。仕事ができること。藤原くんぴったりや思うけど、どうや」とオファーがあった。［たん熊］は毎年「すっぽんの捌き方」を辻調理師専門学校へ特別講習として教えに行くのだが、藤原さんはずっと助手として料理長の栗栖さんに付き添っていた。その辻調で「顔見知りになっている先生」から声がかかったのである。まるで海老沢泰久さんが書いた辻静雄の半生を描いたドキュメンタリー小説『美味礼讃』（文春文庫）そのものだ。

「面白かったですよ。そら、普段垣間見られない世界じゃないですか」

そうふり返る［たん熊］から出向した藤原さんが和食担当で、洋食は赤坂プリンスホテルのコックが来ていた。それこそ2人の客から500人のパーティーまで対応する。7〜8割が和食だったがお互いをサポートしながら、和洋調理人2人体制ですべてこなした。

「刺激がありました。ほかの仕事＝洋食の仕事を見られるこんなチャンスはないですから。一緒にやりながら本当に勉強もできたし、和食で使わない食材の扱い方とか、鶏や肉の捌き方とか、火の入れ方とか、スープの取り方とか、ソースの作り方も。やっぱり全然違うし、横で見てやってるわけですから、こんなプラスになることはないですね」

京都からは庖丁と砥石を全部持っていった。ハモ切りも蛸引庖丁も持っていった。蛸引は鮨のバランを切るためだけのもので、［たん熊北店］特有の使い方であることは前に書いた。とくに魚を捌いて身をおろす出刃庖丁、刺身を切る柳刃庖丁は目的にかなった道具ゆえ、いざそのためとなると〝独壇場〟で、フレンチでサーモンを切る時などは、洋食の人間が羨ましがったという。洋庖丁でも魚を器用にきれいにおろすことはできるが、魚専門の出刃庖丁でおろした身の表面のツヤや柳刃庖丁で引いた刺身の断面はまったく別物なのだ。

洋食の手伝いをするときは洋庖丁も使った。「大きい牛肉のブロックをカッティングする際は、やっぱり大きく幅がある洋庖丁の牛刀の方がやりやすいですよ」と笑うが、それでも店では和庖丁を使う。やっぱり和食は和庖丁でないとできないと思うからだ。

［たん熊北店］は早くからパリとの業務提携を組んでいたので、フォワグラやトリュフやキャビアを持って帰り、うまく日本料理の食材とあわせて使うなど、先進的な考え方があったという。それでも違和感を出す豚肉や外国の香辛料、クリームやチーズといった乳製品を使わないなど、〝縛り〟があった。

いま藤原さんは、豚を単品で使ったりもするし、中国で味付けのアクセントとして好評だったゴマ油を使ったりと、日本料理を自由闊達に表現するために、さまざまな外国の食材や調味料を使っている。これはオテル・ニッコー・ド・パリとオーストラリア大使館での経験ゆえだ、と藤原さんは話す。それでも一線を越えて「洋食の世界でありがちな、何を使うてるのか訳のわからん創作料理なんぞには走りたくない」と強調する。

その一線とは「やっぱり庖丁に対する愛着です。洋食のコックとかに足らないのはその辺やと思います。和食、鮨職人なんかは、庖丁を本当に命みたいに思ってる人が多いです」に尽きるのかも知れない。

庖丁を研ぐ感性

藤原さんは、庖丁について［有次］しか使ったことはない。その特徴については「しなやかというか、やらかさがある。〝やらかい〟という言い方がぴったりなんですが、まあ柔軟性があって粘りがあるというか」とのことだ。

「東京に［正本］ってあるんですけども、ずっと使ったわけじゃないから何とも言えませんけれども、やっぱり［有次］に比べれば硬いとか、そのような言い方される方おられますけどね。あんまり使い比べてはいないですけど、やっぱり最初にお世話になったとこで。わたしはそういう意味では、道具は浮気もしないので。長いこと、ね、お金もないのにお世話になってましたから」と、まことに京都の客商売の最たる割烹の板前さんらしい穏やかな口調で説明してくれる。

けれどもこと「研ぎ」についての話はまったく違う。

和庖丁の切れ味を左右する研ぎについては「本当に感性の問題だ」と言う。「これだけは一人一人研ぎ方が違うし、仕上がりも違う。同じということはまずないと思います。下っ端が下手くそかというと、決してそうでもない」。

自分がどの程度で納得するか。とことん追求するならパーフェクトというのはない。「今日はとくによく研げるなということがあるんですけど、それが何なのかは体で覚えるしかない」。

割烹の「表の感性」が客とのやり取りだとすれば、毎日庖丁を研ぐことはまさに「裏の感性」である。

「専門学校で一応かたちだけは教えてもらいます。その後は修業中に先輩から教えてもらうことになる。始めは先輩の庖丁を、シャープさをキープするようになでる程度に、ちょっと軽く砥石に当てさせられるんですよ。研ぐとまではいかないですが、そういうことを毎日させてもらえるようになるには、やっぱり先輩の信頼もないといけないし……。おかしな後輩にやらせると、形が変わってしまうんです。だから、信頼できるやつにしか触らせられない」

そういう入口でもある。

「力を入れてやればいいかという問題でもないし。いくつになっても研げない人は研げないし。これは本当に感覚の問題だと思うんですよ。一生懸命研いでいるやつが、へこんだ砥石で研いでたりね。『そんなんで研いでも、きれいに研げへんやろ』みたいなのもあるし、だからその人その人の持っている、やっぱりセンスと繊細さと思います」

自分の庖丁に対しての板前のこだわりもある。［福喜鮨］のところで触れたが、出刃庖丁は微妙だ。普通の庖丁の研ぎをしたあとに、骨を叩いて刃こぼれしないように「二枚刃」をつけるからだ。藤原さんは切刃の「うしろ3割は刃をつぶしています。荒砥で完全につぶしてます」とのことだ。

「二枚刃の角度一つで切れ味が全然違ってくるし、人に角度を付けられると、いままで自分がおろしていたのに、引っ掛かってしまい、おろせなくなってしまう」

うるさい鮨屋などは「金気が取れない」と言って、庖丁を研いだらそのますぐ使わずに、一日は井戸に吊しておいて、ということも聞く。鮨屋で「今日のちょっと金気が残っているぞ、と言う人はほんとうに0・0何パーセントしかおられないだろうけど、そこまで見抜かれるお客さんもいてはるわけですから」。

「魚をぎょうさん（たくさん）おろすいうことは、それだけ（庖丁の）摩耗が激しいいうことですから、毎日のように研ぐんです。だから、十年やればそこそこまではいく、切れるようにはなるんです。けど、最後の何パーセントかというとこへ達するのは、その域を求めているか、求めていないか。ぱぱっと十枚（魚を）おろして、あ、ちょっと切れ悪うなったなと思ったら、ささっと当ててみたいな、それの繰り返しですから。これは、本当に職人技に達するには、それこそ一生かかるんちゃいます。たぶん［有次］さんに聞かれても、そう言わはると思いますよ」

第十章　海外へ

［イル・ギオットーネ］東山

京都でイタリア料理店といえば、必ず［イル・ギオットーネ］の名前が挙がる。オーナーシェフは笹島保弘さん（49歳）。観光客で賑わう東山・法観寺「八坂の塔」のすぐ横、というロケーションだ。

笹島さんは24歳の若さで大阪・箕面《みのお》の［ラトゥール］のシェフに就任。その後、京都［ラヴィータ宝ヶ池］、東山七条の［イル・パッパラルド］を経て、平成十四年（２００２）に独立、京都本店をオープンした。当初から地元の京野菜にハモや鯛といった京料理の食材をそのままイタリア料理に仕立て、「京都発信」のイタリアンとして、彗星のように名声を博したのは周知の通りだ。現在は東京・丸の内と、ＪＲ大阪駅北側に開業したばかりのグランフロント大阪にも店を持つ。

「京都でしか食べへん（食べられない）イタリア料理なんです。乱暴な言い方なんですが、和食と違うのは味噌、醤油を使ってへんだけですわ」と笹島さんは笑うが、その評価は本国イタリアの料理界でも高い。毎年ミラノで開催される料理学会サミット「イデンティタ・ゴローゼ」に平成十九年（２００７）日本人として初めて参加している。またジョルジオ・アルマーニ主催のチャリティディナーにも料理人として加わっている。

笹島さんはこのところイタリア料理にしろフランス料理にしろ、料理のセンスや仕上げに和食が影響している潮流を指摘する。「日本料理がただもの珍しかった時代は終わり、油が少ない、少量多種、野菜がしっかり食べられるという日本料理のコンセプトが広まり、理にかなっているから、世界の料理人はどんどん良いところを取り入れようとしています」。

なかでも魚の扱いなら和庖丁の独壇場だ。鯛や白身魚を捌き、身をおろすためだけの出刃庖丁。片刃の柳刃刺身庖丁で「引いた」身の切断面は繊維が崩れず、両刃の洋庖丁とはその仕上がりが格段に違う。

とくに京都・大阪では、捕った魚を産地の漁師が活け締めした「活魚」や、生け簀に泳ぐ魚を料理人が締めて仮死状態にしたものを捌き、身をおろして刺身にした硬い歯ごたえの「活《い》かってる」状態を好む。

その食感は刺身庖丁で「引き切った」魚のカルパッチョでも同様で、ヨーロッパのグルメや料理人たちにとっては、それまで経験したことのない新感覚だ。食べてすぐわかる新鮮さのインパクトはことのほか強いのだ。その際、料理と庖丁＝道具は必ずセットになってくる。それが食文化というものだろう。笹島さんは興味深いことを言う。

「日本から現地に修業に行った料理人のおかげなんです。持参した出刃庖丁や柳刃庖丁を使って魚を捌いたり、神経抜きの活け締めをしたり、そういうことを横で見て現地の料理人たちは驚き、食べてさらに目を丸くするんです」

先述のイデンティタ・ゴローゼのデモンストレーションのときもそうだった。持ち時間の45分で作った料理は「彼らが絶対しないことをしよう」ということで、パスタ料理にアナゴを骨切りして炭火で焼いたのを取り入れ、もう1品は昆布締めした刺身を引いてカルパッチョにして出した。庖丁は［有次］の和庖丁を一式持って行った。

「バックヤードでうちのスタッフたちが料理するのをモニターに映してぼくが説明するんですが、イタリア人フランス人の料理人たちの目がらんらんと輝くんですよ。同じバックヤードで待機していた彼らは『ちょっと貸してくれ』と。洋庖丁しか使ったことのない彼らは、手にしたときの柄のフィット感や切れ味に興味津々なんです」

ヨーロッパの料理人の、魚を捌いたり切り身を引き切ったりする和庖丁への喰いつきは抜群だ、と言う。「料理が終わったら、庖丁をすぐ直す（しまう）ようにスタッフには言ってました。絶対盗られるからと。案の定、終わったら、2〜3本なかったです（笑）」ということである。

「最初にイタリア料理を手がけた時から（和庖丁を）使《つこ》てます」と言うのは、料理長の坂本健さんだ。［イル・ギオットーネ］のスタッフが使っている［有次］の庖丁を集めてワゴンに載せて持ってきて見せてくれる。坂本さんのもので10本、全部で20本は優にある。スタッフが集まってくる。大阪の下町出身の笹島さんは「京料理屋みたいやなあ」と笑い、「おお、お前のん、名前入ってるやんけ」とか「よう研いでるな」とか、兄貴分という感じでスタッフに接している。そういう陽気なイタリア料理店なのだ。

ダイジェストすると、尺寸（刃渡り30㎝）の柳刃刺身庖丁に特大サイズ7寸（21㎝）の出刃庖丁。「イタリアンやフレンチでこんな出刃を使う人はいないでしょう」。柄より刃のほうが短い刃渡り10センチくらいの小さな片刃面取庖丁は「賀茂ナスの薄皮を剝《む》くのに使う」のだそうだ。笹島さん愛用で「小出刃《こでば》」と呼んでいる「和心・和ペティ」は15センチの小さな刃渡りで、本来家庭用のものだが「魚を捌くのにとても使いやすい」とのことだ。とくにこれら［有次］の和庖丁の手づくりの朴の木の柄の「フィット感」を強調する。

「［有次］の庖丁については、この店をオープンしていち早く下の子が新しいのを購入しました。スタッフたちが持っていたのを見て、ぼくも一式買ってみよか、となったわけです。（京都では）〝番茶は［一保堂］〟みたいな定番感覚で、和食洋食問わず［有次］をまったく使っていない店はないんちゃうんかなあ。普通なんです」と笹島さんは語る。反面「京都で仕事をしてなかったら、一生出会わなかったかも知れへん」。極端だが笹島さん同様、隣の大阪の人間であるわたしにはよくわかる話だ。

［有次］の和庖丁の評価は、このところシンガポールや香港などのアジア圏でもすこぶる高い。笹島さんは現地に赴く際やこちらでレクチャーする時は、必ず［有次］の庖丁を持っていって調理するのだが、使い方を説明し庖丁を実際に渡すと、柄の仕上げなど洋庖丁にない日本の手仕事の技術の高さや、「引いて切る」感覚にプロの料理人たちは驚くそうだ。

彼らには「今度日本へ行くから［有次］へ連れていってくれ」とせがまれ、来日するシェフたちは「必ず庖丁を買って持って帰っている」。「ヨーロッパ、アジア含め、［有次］の和庖丁のマーケットはむちゃくちゃ広いんちゃいますか」。そう笹島さんは強調するのだ。

その際ネックとなる「手入れ」や「研ぎ」については、「YouTubeなどインターネットを通じてレクチャーすればいい」とのことだ。坂本シェフによると「砥石さえ（表面が）真っ直ぐしてたら、［有次］の刃金は刃がつきやすいので、10回ぐらい研げばいいです。研ぎすぎるとすぐちびるし」と語る。前回のこの連載取材で「（研ぎは）定期的に職人さんに出している」と言った仏料理の帝王アラン・デュカスに教えてあげたいミニ知識だ。

笹島さんは日本のグルメブームにより、本場で修業しようと海外に行き活躍する料理人が、日本の庖丁とそれを使いこなす技術を伝えている点を高く評価する。とくに完全に手仕事でつくられる和庖丁は、日本の鍛造技術の高さの象徴であり「今後、日本の新しいビジネスになるだろう」とも言う。

［ミチノ・ル・トゥールビヨン］大阪・福島

大阪・福島の仏レストラン［ミチノ・ル・トゥールビヨン］のシェフ道野正さん（59歳）も［有次］の和庖丁を使っている。デュカスのことを話すと「フランス人は砥石で研ぐ習慣がない。棒みたいなやすりとグラインダーの世界ですから」とつれない。

道野さんは昭和六十年（１９８５）31歳の時に渡仏。［ラ・コート・ドール］［ル・ランパール］で修業後、ミシュラン二つ星［ジャン・バルデ］ではセクションシェフとして活躍し、二年後に帰国している。

道野さんは昭和五十四年（１９７９）に同志社大学神学部を卒業後、京都・北山のはずれの仏料理店［ボルドー］に入店、料理の道に入った変わり種だ。

［ボルドー］は当時、京都では数少ない本格的なグラン・メゾンだった。わたしが駆け出しの昭和六十三年（１９８８）に編集したレストランガイドには「郊外の閑静な住宅街にあって、人気をほしいままにしている本格的な店」とある。

オーナーシェフは大溝隆夫さん。平成十二年（２０００）に西洋料理調理人として厚生労働大臣から「現代の名工」として表彰されている。平成十五年（２００３）にはフランス農事功労章シュヴァリエを受賞している。大溝さんは祇園歌舞練場前の［ぎをん萬養軒］で長年腕を振るった。［ぎをん萬養軒］は明治三十七年（１９０４）創業の御所御用達でエリザベス女王やチャールズ皇太子・ダイアナ妃も来店した老舗フレンチだ。創業百年を超す仏料理店が今なお現役で存在するのが京都という町である。

道野さんは、昭和五十三年（１９７８）に独立して二年目の大溝シェフの下でタイミング良く働くようになった。その経緯は「大卒で年齢を考えると、調理師専門学校へ行かずどうしても即、料理の現場に入りたかった」とのことで、［ボルドー］へは「ガールフレンドが働いていたから」というツテのみでもぐり込んだ。日本の仏料理がまだまだ大らかな頃だ。

「リンゴの皮もむけない素人だったんです。だから仕事の一歩目としてナイフ（庖丁）を買わないといけない。それで［ボルドー］の先輩に連れて行ってもらったのが［有次］でした」

「どんなナイフで、何と何が必要なのかもわからない」という状況のなか、先輩が「これにしとき」と選んだのは牛刀とペティナイフ。２本の洋庖丁だった。

庖丁に関して予備知識も先入観もなかった道野さんは素直だ。魚を大きいのは牛刀、小さいのはペティで捌き、身をおろす。「ヒラメも和食でいう五枚におろすんですが、両刃なのでどうしても骨に身が残ってしまう。オレは魚は下手なんだと思っていた」

念願叶ってフランスに修業に行くと、手先が器用な日本人である自分の庖丁の技術は、ほかの料理人と比べてまんざらでもない。けれども驚いたのはフランス料理の柔軟性であり斬新性だ。

ちょうど渡仏修業に入った昭和六十年（1985）、ベルナール・ロワゾー（ミシュラン評価が下がるという噂を苦に03年に自殺したという逸話は有名）の「ラ・コート・ドール」は、『ゴー・ミヨ』誌で20点満点で19・5点、ミシュラン二つ星で「厨房と駐車場をちゃんとしたら三つ星確実」（道野さん）と噂されていた。ヌーヴェル・キュイジーヌで軽くなった仏料理をさらに究極にまで推し進めたのがロワゾーで、連日100人の客が押し寄せ、厨房は戦場さながらだった。

「キュイジーヌ・ナチュール」と形容され、バターやクリームはもちろんフォン（だし）すら使わない「水のソース」。それがロワゾーの持ち味で、「その時代にすでに野菜ばかりのコース料理があったのが、一番の驚きだった」と道野さんは述べる。

今や日本の仏料理界では「大阪の重鎮」と称される存在になっている道野さんだが、本来は最先端を自任し突き進むシェフである。大阪の豊中で「ミチノ・ル・トゥールビヨン」を営んで十六年目の平成十八年（2006）に突如大改装し、「レザール・サンテ」（健康な芸術）として野菜を中心に据えた仏料理に取り組むようになったのも、「ラ・コート・ドール」での経験があるからだ。日本でスローフードとかロハスとかいった言葉が流行する以前のことで、食材の医学的効能を謳い、食育のための子どものコース料理までアプローチしたが、結果は「早すぎた」。

道野さんは平成二十一年（２００９）に高級住宅地豊中から、「やっぱり都心に出よう」と大阪の下町の福島に店を移した。さらに平成二十五年（２０１３）４月にオープンした「JAならけん」の日本最大級の産直マーケット内で最上級の仏料理店［レストランＴｏｋｉｗａ］のグラン・シェフとしても腕を振るっている。そのレストランでは、古来からの地場野菜や奈良特有の牛や鶏を活用した芸術的な料理を展開し、関西で話題になった。

ズッキーニやカリフラワーをソテーして水を加え、ミキサーで細砕し攪拌《かくはん》したただけ、山のような量のパセリを茹でてひたすらミキサーにかけそれを裏ごししただけ……のロワゾーの「水のソース」。まだ30代になったばかりの道野さんは、当初「なんやこれは、料理ちゃうやんけ。おっさんええ加減にせえよ」と思ったそうだが、その斬新極まりないロワゾーの料理の背景には、フランス人の調理道具に対しての合理精神――ミキサーにしろその頃開発改良されたフードプロセッサーにしろ、便利なものはどんどん使う――があったと回想する。

道具はあくまでも道具であり、ナイフは切れなければどんどん新しいものに買い換える。フランス人に自動車をビカビカに磨きあげて……、という感覚がないのと同じで、日本人の和庖丁のように、ナイフを研いだり磨いたりして扱うことはなかった。面白いのは唯一の例外で、二つ星シェフだったジャック・カーニャ（店名同じ）が、日本から来た道野さんの仲間に「砥石をくれないか」とねだっていた記憶で、その頃カーニャは「奇人シェフ」だとか「ゲイ」だとか、あらぬ噂をされていたそうだ。

「ゾリンゲン」の刃物で有名なドイツでもフランスと同じような道具観だ。この連載が始まって間もない２０１２年の12月、ドイツに住むわたしの親しい知人がデュッセルドルフのホテル［リンデンホーフ］のレストランで食事をした際、和庖丁との違いの話になったそうで、料理人のマイスターが、使っているナイフを見せてくれた。

それは日本の三徳庖丁のようなフォルムの「DICK1893」という「極上品」で、３００ユーロ（約４万円）であり、「日本の庖丁と違って研がなくていい。例の棒やすりは研ぐのではなく、毛先を揃えるようなもの。あるいは皺の寄った紙を伸ばしているようなもの。砥石で研ぐとメタルが減るから損だ」とのことだ。「鋼の日本の庖丁を棒やすりでジャーと擦ったら、火花が出て熱でメタルの硬さが落ちるから間違わないように」と付け足しがあり、ダマスカス鋼だかドイツの鋼の自慢話になったと知人が報告してくれた。

さて、道野シェフが帰国し、大阪ミナミの［シェ・ワダ］を経て、大阪の豊中で自分の店［ミチノ・ル・トゥールビヨン］を開店した平成二年（１９９０）のある日、和食の料理人から借りた出刃庖丁を使ってみた。それまで「フランス料理やってる人間が、何で和庖丁やねん。鋼で錆びるし」と思っていたのだが、１匹のヒラメを捌き、身をおろしてみるとその使い勝手に吃驚《びっくり》した。それまでは牛刀で頭を落とし、あとはペティナイフで、「ちまちまと身をおろしていた」から、「何でこんな便利なもん使わなかったんやろ」と思うと同時に、「オレ、下手ちゃうやん」とニンマリしたと言う。

即座に京都に行って［有次］で出刃庖丁を買い求めた。刃渡り15センチの出刃庖丁だった。その後、大型の鯛やヒラメの硬い骨は大きい出刃庖丁のほうが良いだろうと、買い換えて7寸（21㎝）にした。和食の板前や魚屋が使う最大規格サイズで、「テコの原理で重さを使えばとても切りやすい」ということだ。ただ研ぐのはやはり「いささか面倒」だそうだが、毎日使用後クレンザーで磨いて新聞紙に挟んでおくと「まあ錆びることなんてないですわ」と言う。

この2人こそわたしが知る、和庖丁を使いこなす数少ない関西の伊仏料理人だ。どちらも京都という街が深く関係している。よく指摘されるが、千二百年の歴史を有する古都・京都は、伝統的であり保守的である。すなわち「閉じた街」である。けれどもその京都が、外部と接触するとき――京都の料理人が外国に料理修業に出たり、海外から招かれた際もそうだが――、ものづくりの町としての底力を発揮する。

第十一章　ものをつくる、ということ。

引き寄せられるように［有次］へ。［燻］赤坂

東京・赤坂に［燻《くん》］という、どこにもない手触り、どこにもないスタイルのレストランがある。シェフは輿水治比古《こしみずはるひこ》さん。昭和二十九年（１９５４）年長野県上田市生まれで、元々は歯科技工士だったが、趣味の料理が高じて平成二年（１９９０）に地元にレストランを開いた。東京の赤坂に店を開いたのは平成七年（１９９５）だ。食通で知られるクリントン元米大統領がトリュフとフォワグラのオムレツリゾットを食べて唸り、仏料理の帝王ジョエル・ロブションも来店して絶賛したという料理だが実は自己流。この料理人はどこの店で修業したとか、誰かについて料理を習ったことがない。

常に全国、世界中を食べ歩いて、自分がうまいと思うものを体験する。それが輿水さんの味覚の莫大な資料となっている。というのも、この人の料理には「範囲」も「ジャンル」も

ないからだ。

品評会でチャンピオンとなった仙台牛を一頭買いし、そのフィレをこれが一番うまいとばかりに素揚げにしたり、かと思えば軽井沢に持つ工場で燻製にした醤油で卵ご飯を食べさせる……など、天衣無縫の天才料理人である。

その輿水さんが引き寄せられるように［有次］を訪ね、料理人とその道具をつくる庖丁屋の職人同士のコミュニケーションが始まった。それがきっかけで１５６０年創業の［有次］がまったく新しい形状の生ハム切り庖丁、そして世界に類を見ないシガー切り庖丁をつくり出すようになった。東京の最前線を走る料理人と京都のものづくりの老舗［有次］の火花が散るようなコラボレーションの、この十年あまりの足跡をまとめておくことにする。

輿水さんが［有次］を初めて訪ねたのは「どのくらい前だろう、十四〜十五年前だと思いますよ」とのこと。ただ単に観光に行ってた頃は、京都はあまり好きではなかった。旅行に誘われても「正直、いやあ、もう京都はいいわ」と思っていた時期もあったそうだ。ところが「もう一歩踏み込んだ京都」を知ったのは、錦市場を訪ねるようになったからだ。まるで時間がシンクロするように、赤坂に［燻］を出した頃である。

輿水さんはテレビ東京の『ソロモン流』（13年1月27日放送）でも、フィレンツェのサンロレンツォ中央市場で伝統食材ランプレドット（牛の第4胃。関西ではホルモン焼肉店で赤センマイ、ギアラと呼ばれている部位）をさがすシーンが放映されていたが、とにかく「市場的なところ、マルシェ的なもの」には必ず顔を出す。

「錦市場を歩いていて、道具屋さんに庖丁が並んでいれば、興味があるから当然入るわけですよね。最初は普通の観光ついでのお客さんとして、普通に庖丁を買って帰っていた」

それから京都に行くたび［有次］を訪問する。相手はほとんどの場合武田店長である。

「なんだかんだと、こんなのがほしいとか、店の中でわたしがわがままを言うので、［有次］さんもお話しして下さる。武田さんと話すようになり、（東京で）こんなことをしていますと、ご挨拶もさせていただくようになった。そこまでは結構時間が流れていますけど」

「武田さんも東京に来ることがあるとおっしゃるから、ぜひどうぞと言って、昼間にちょこっと顔を出してくださるようになり、いろんな感じでコミュニケーションが始まっていったなか、寺久保社長ともお会いするようになったのです」

興水さんが［有次］十八代目の寺久保社長に感じたのは、「新しいチャレンジをし続ける、もうひとつの伝統です」ということにほかならない。それは「京都という町は、伝統をきちっと守り続けて頑固だけど、新しいものを受け入れる柔軟性がある」ということだ。

「新しいものに対する興味を、やはり寺久保社長は持っているんですね。その柔らかさもすごいなと思ったんです。だからわたしは、すぐに食い付いた」

生ハム切り庖丁と葉巻切り庖丁

「すごく切れるし、素晴らしいですよ」

［燻］のオーナーシェフ輿水治比古さんが愛用する［有次］製の「生ハム切り庖丁」は、見たこともない形状のものだった。製図や工作などに使う50センチの金属製物差しに鋭く刃をつけ、ツルツルに研ぎ、それに柄をつけた、細長い平棒のようなシロモノである。

「生ハムは薄く切れば切るほどうまいし、できるだけ大きな面積をとりたい。普通の庖丁みたいに幅があると、スライスしたハムがすぐ刃にくっついてしまう。常にぺたっとくっついているようになって動かせなくなる。だから一度に切れる刃渡りがあり、できるだけ幅の狭いものをということになるわけです」

そう聞いて「なるほどな」と唸ってしまった。スペックを書くと、刃渡りが36センチ、庖丁の刃金自体の幅が1・5センチ。切刃はV字型の両刃で、根元から切っ先まで水平に真っ直ぐ一直線、ハムをスライスするだけなので切っ先は大きく半円を描くように丸められている。黒檀のハンドル（柄）は洋庖丁のそれである。

もう1本は同じ長さで幅が4センチのもの。実はこちらがはじめに「生ハム切り用に」とつくられたものである。平たい金属製の長靴べらのような形だ。

生ハムを切る専用ナイフはヨーロッパからの輸入物がほとんどだ。輿水さんによると日本

生ハム切り庖丁

製を含めそれらの商品特性は、「刃物として生ハムがよく切れる」よりも、「使い勝手が良かったり錆びなかったりする」ほうに軸足が置かれているような気がするという。

「面倒くさくても手入れが大変でもいいから、切れるものがほしいとお願いしたのです。何とかつくってもらえないですかという話をしたら、寺久保社長は『面白い。ちょっとチャレンジしてみます』と試作品をつくってくださいました」

平成十九年（２００７）のことである。輿水さんのオーダーを聞いた寺久保社長は、長年［有次］の洋庖丁を手がける東京の刃物職人の仕事場を訪ねた。そこにコイル状に巻いた昔ながらの薄い鋼の材料があるのだ。それを真っ直ぐ伸ばしてハサミで切って叩いて（鍛造して）焼きを入れる。

「職人は面倒くさがるけど、出来へんことはないやろ。そんなもん、何でもないことや」と寺久保社長は明快に言う。

「こちらが持っている、こういう目的で使うこんなものというイメージはすごくシンプルです。まず切れること、あたり前です。けれども申し訳ないです、そんな基本的な話を［有次］さんにするのは。でも結局あっという間に理想的なものが届きました」と輿水さんは言う。いまそのナイフでロースハムを切っていている。パン切りにも使っていて「焼きたてのパンは、もう普通にすっと切れます」とのことだ。

そしてそのナイフに「もうちょっとこうしてほしい」と注文を付けた。こうしてさらに狭幅1・5センチの生ハム切りナイフが出来上がった。

「世の中に同じものは絶対にないと思うんです。うちのオリジナルとしてつくっていただいたのでありがたいのですが、生ハムを切る料理人たちはきっと欲しいだろうなと思い、いろんな方に差し上げて、喜ばれています」

そう絶賛する極端に細長くて薄いこのナイフは、生ハムのスライス専用に使っている。何本もオーダーしたが、値段は「2万円はしなかったんじゃないかなあ」とのことだ。

もちろん「有次」の和庖丁、柳刃の刺身庖丁や蛸引庖丁も使っている。それも本焼きばかりで、以前この連載でふれた堺の打刃物鍛冶・沖芝昴さんの手によるものがほとんどだ。

「さすがにすごいですよ。名人がつくったものは、もう一目瞭然でよく切れるとわかりますね。素晴らしいです」

けれども沖芝さんの本焼き庖丁は手強い。最初の刺身庖丁は刃をつけないままで送ってもらった。庖丁を繊細に研げると自負する輿水さんは、「ちょっと生意気を言って『自分でやります』」と言った。刃をつけ仕上げるための京都産の高価な天然の仕上げ砥石を揃え、砥石を置く台の高さを身長に合わせてつくり、朝から庖丁研ぎに集中してやろうと心に決めてかかった。ところが「これは無理だわ」と白旗を揚げた。この本焼き庖丁の刃付けについては完璧に挫折したという。けれども「まあいいや、ここは一つ面白がってやればいいか」と覚悟を決めて、1カ月に1回、2回とチャレンジして、ようやく何とか使えるようになったかなと思ったのは半年後だった。

「すごく後悔しています。もう二度としない。絶対本焼きは刃付けをしてもらおうと（笑）」。それからは新しい庖丁は通常通りに［有次］での仕上げ研ぎで刃をつけてもらっている。「すごく楽ちんをしています。ここからは普通に研げばいいので」とのことだ。やはり餅は餅屋である。

［有次］の本焼き庖丁をもつと「ほかのものはどうでもいいですが、マグロを引きたくなってどうしようもないんです」と輿水さんは言う。「どれだけ庖丁によって刺身の味が変わるか、という話は説明してもなかなかわかりづらいんですが、お客さんに『庖丁の切れ味は、マグロの味を変える』という話をしたくなっちゃうんです」

輿水さんの使うものの1本に超弩級の尺3寸（39㎝）の上製柳刃刺身庖丁があるが、これは［有次］の表のショーウインドウで展示していたものだ。武田店長は「刃渡りが長い珍しい柳刃庖丁で、次に展示商品が準備できる月末まで待ってもらいました」と笑う。

輿水さんの［有次］の庖丁で世界初のものがある。シガーカッターだ。シガーカッターは

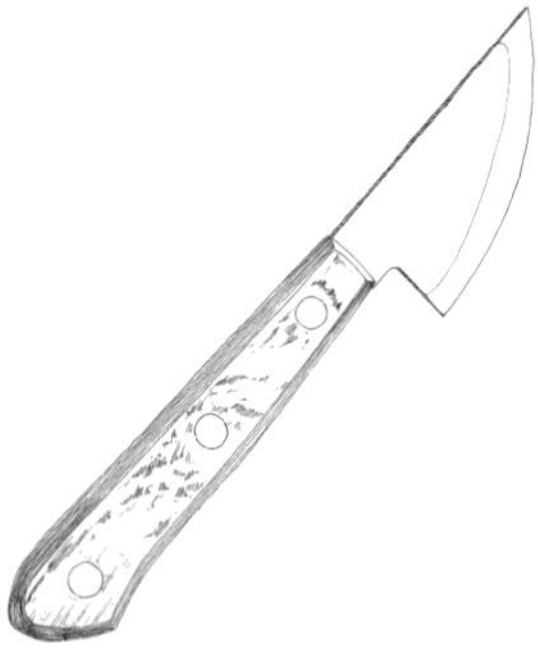

葉巻切り庖丁

葉巻を切って吸い口をつくるための道具だ。一般的には葉巻を丸穴に入れて切り落とすギロチン型のカッターあるいはハサミ型のもので、庖丁（ナイフ）型のシガーカッターは古今東西見あたらない。

前述の2種類の生ハム切りナイフが出来て少しあとのこと、「何かないか」と寺久保社長が気軽に話を振ってきたことがあった。輿水さんは葉巻を切るシガーカッターでよく切れるものがない、という話をした。

「でも［有次］さんなので、ギロチン型やハサミ型のものでは全然面白くない。葉巻を置いてこう切りたい（庖丁で切る動作をする）と言ったのです」

その話に対して寺久保社長は「それは無理ですわ。カミソリか何かでやってもらわんと」

と答えた。

そこで輿水さんは、「いまの日本の葉巻業界の話になってしまうとやたらと面倒なんですが、たぶん社長の知っている葉巻は、わたしのところで出している葉巻とは違うんですよ、というような話をしたんです」。

ぱさぱさに乾燥した葉巻は、確かにカミソリで切るのが適しているかもしれないが、しっかりコンディショニングされたものは80％程度の湿度がある。葉巻は、普通の巻きタバコのように買ってきたものをそのままの状態で喫煙するものではないのだ。ワインと同様に熟成もする。行き届いた管理があってはじめておいしく吸える嗜好品である。

「タバコの親分みたいに思ってらっしゃる人がいっぱいいるんですけど、まったく違うものなんですね」と輿水さんは語る。

　十数年も前から最高の葉巻を求めてキューバを何度か訪れている輿水さんは、「シガーの人間国宝みたいなおじさん」であるアレハンドロ・ロバイナ氏（2010年に死去）とは、「すごく可愛がっていただきました」という仲で、葉巻とはかくあるべしとのコンディショニングを教わっている。カストロ前議長から「ドン」の称号を贈られたという伝説を持つロバイナ氏は、最高のキューバ産葉タバコの生産者として知られている。

「わたしはそういう話をして、とにかく葉巻を寺久保社長のところへ持っていった。こんなのですよと。『ほう、これはちゃいますな。半生ですな』と、そういう展開になり、じゃあ『どうしたいか』というお話になったんです」

［有次］の寺久保社長は即座に理解し、ほどなく試作品をつくった。間違いなく世界初の葉巻切り庖丁である。

「これは［有次］の社長のアイデアです。わたしは形状に関して、今回は言わなかったのです。なぜかというと、切れることが一番なので、［有次］さんの側で『できる』という条件でこちらのオーダーを満たしていただければよかったのです。ただこういうふうに葉巻を灰皿の上で切って使いたいということだけをお伝えしたのです」

その葉巻切り庖丁は両刃で、刃渡り8センチ、元幅3・3センチの小さいものだ。しいて表現するなら、刃金の部分の形状が調理で使うスパチュラ（へら）のシリコンヘッドの部分のような形で、柄は刃金部分よりもはるかに長い。

興水さんは専用の保湿保冷庫から湿度80％の葉巻を出してきた。端が砲弾型をしたトルペドでこれはずしりと重そうだ。それを太巻きの葉巻がうまく乗っかるように丸い溝が刻まれた、滑らかなごつい石製の灰皿に乗せる。この灰皿もオリジナルである。一辺だけ垂直に切られた灰皿の端から5〜6ミリぐらい葉巻の先端をのぞかせる。そうして庖丁を灰皿に沿わせて下ろして切るのだ。鉛筆を手に持って小刀やカッターで削るような格好ではなく、溝に置いて安定させた葉巻を上からそのナイフで切るわけだ。

「まず、これがとんでもなく切れるということと、うちの葉巻のコンディショニングがちゃんとしているという前提で成り立つんです」。そう言いながら、実際にぶっとい葉巻を興水さんがスパッとやるのを見て、思わず「うわっ」と声が出た。いやはや、これはすごいな、楽しいな。

「わたしがわがままを言っても聞いてくださるという懐の深さこそが、やっぱり四百何十年続いている伝統文化の力ですよね。わたしみたいな駆け出しのひよっこに、こんなのが欲しい、あんなのが欲しいと言われても、はい、はいと聞けるそのキャパシティー。ましてやより良くするにはどうするか、まで考えてくれること。このシガー切りがわたし一代で終わらずに、新しいスタートになったらすごくいいじゃないですか。それもここまで時間をかけてつくってきた文化なんです。長い時間をかけて培ってきたものなので、一朝一夕にできているものとはちがいますね」

そのような話を聞きながら、わたしはこの葉巻切り庖丁とはまったく形状も用途も違うが、「堺極《さかいきわめ》」の煙草庖丁のことを思い出した。室町時代の末期、鉄砲と一緒にポルトガル人によってタバコがわが国に伝えられ、国内でタバコが栽培されはじめると、喫煙人口が一気に増えた。それを刻むよく切れる庖丁が必要となり、豊臣時代に堺で煙草庖丁の鍛造が始まる。その起源の一つとして知られる説は、梅枝七郎右衛門の手による庖丁で、その子作左衛門はこれを京都に売り広めた。砂岩をも割る切れ味ゆえ「石割《いしわり》庖丁」と異名をとり、以後作左衛門の子孫は石割を姓とした。万治から寛文にかけて１６６０年代頃の話である。

享保年間（１７３０年頃）になると、これらの優れた煙草庖丁の売れ行きに目をつけた徳川幕府は、煙草庖丁鍛冶を堺北部の中浜筋に集め仲間株を与えた。庖丁には鍛冶屋の銘に加え「堺極」印、つまり「極め付き」が入り、以後専売品として全国に売りさばかれた。打刃物産地堺から京都へ、そして全国へという流れにも注目していただきたい。

「こんなことを言えた義理じゃないんですけど、やはり日本人が元々持っている志の高さといいますか、あなたは何をしたいの、何をしていくのという明確な道具づくりの姿勢が先にあって、ちょっとかっこいいなと思うんですよ。最初に金勘定ということではない。要するに薄っぺらいビジネスを追っかけている人たちにできる技じゃないなと思うんです」

またそのようにしてつくられた道具は「便利だから」ということでもない。輿水さんにとって道具は「自分たち料理人の技量と情熱によって役に立つもの」であり、「道具が役に立ってくれることはない」。生ハム切り庖丁もシガー切り庖丁も、プロの道具はどれも面倒くさくて扱いが難しいのだ。

「『便利なものがありますよ、新しいこんな料理器具を使いませんか』と言われてもね。便利ってコンビニエンスストアみたいなものです。〝開いててよかった〟って、本当はあそこで買わなければいけなかったけど、買うの忘れたから夜中までやっているコンビニでよかったね、という話でしょう。そんな便利にはそもそもクオリティーはない。要するにその道具がどのように役に立つのか、というそのこと一点で価値があるわけじゃないですか」

本焼きの柳刃刺身庖丁を買っても、切る技術が伴わなければ鯛の薄造りはできない。たとえば［有次］には「かつお箱（鰹節削り）」という旧式の道具があるが、何も知らない人がそれを使っても、粉になってしまって鰹節にならない。

道具とは基本的に〝商品〟ではないのだ。売場に並ぶ商品は、消費者に「どんな役に立つのか？」と一目でわかるように使い方やスペック、値段が表示されている。しかしプロの職人にとっての道具は「どのように役に立つのか？」がすべてであり、その道具の性能を引き出すのは、職人たちの「腕次第」のはずだ。板前修業も毎日の庖丁研ぎの熟練もすべて道具のパフォーマンスの最大化のためにある。それが道具本来の値打ちというものだ。

「本物の道具というのは、技量と情熱がない人間には、使えないものばかりですよ。そういうことの一つ一つについて、ちゃんと先人の素晴らしい技術をリスペクトするというところに、ものすごく大きなテーマがあります。道具は自分が向かうからこそ使えるわけです。だから［有次］さんの仕事に、わたしたち料理人が本気になって立ち向かう。わたしたちがそんな簡単には使えないものがあっていいわけです」

　大工にしろ料理人にしろプロの仕事にはあるハードルがあって、そのハードルを越えることが仕事のスタートラインなのだ。もちろん同様に彼らの道具をつくる仕事もしかりだ。

「寺久保社長が『やったことがないのでやらんわ』というのは簡単なんです。〝ノー〟と言うぐらい簡単なことはないですよ。いろいろな店に行って『すみません、当店ではそんなサービスはやっていません』とか言う人が山ほどいるんですけど、それは仕事じゃないと思うんです」

　相手つまり客が望んでいることの中で、自分が出来ることは何かを考えるのが仕事で、それでこそ次が始まるのだ、と興水さんは言う。

「自分たちは時代の真ん中にいて、次の世代に何かを伝えなければいけない使命をもっているわけです。そのバトンは前からもらったものをそのまま渡せばいいかというと、そうじゃないんですね。わたしの仕事である、おいしいものをつくるというジャンル的な話に限らず、時代が変われればニーズも変わり、材料がなくなったり、職人さんがいなくなったり、いまつくっているもののうえにいろんなことが起きますね。それも全部、自分たちが飲み込みながら、次にバトンを渡さなければいけない。そのときに〝ノー〟と言う姿勢で何かを渡せるかというと、何も渡せないんです」

[有次]の強さの原点は「〝ノー〟と言わない脳みそなんだよ」。輿水さんはそう表現する。

それに対しては「わたしらのように毎日修理をやり、鍛冶職人の仕事を横で見ている者《もん》にとっては、別のものを拵《こさ》えるんはたやすいことです」と事も無げに寺久保社長は言う。

刀鍛冶としての長い歴史と同じく一二〇〇年の都京都で培ったさまざまなものづくりのネットワーク、かつての経験や技術の蓄積、そして堺や東京などの各地の鍛造技術の情報。それらが「うちでできないことはない」という意識を支えているのだ。そのような責務感が京都の老舗の誇りと言いかえてもよい。店が扱う400種以上の商品がそれを表している。

「たとえば一つの商品があったとして、それを何億個でもいくらでも売ってよと。それはビジネスだからいいよと。でもいま、一をたくさん売る人のことを拍手し過ぎ。みんながちょっとおもねり過ぎていた。面白くないですよね。何もないところから一をつくれる人の方がすごいですよ、間違いなく。この土台がなくなったら、あんたら売る物がないんだよという話です。その原点じゃないですか、[有次]さんは。ゼロから一をつくる人たちは、ある意味、わたしたちの橋渡しの真ん中に入って、それをやってくれているわけじゃないですか」

「何か金もうけや便利だけを追っ掛けているいまの時代は危ういなと思うんですね。その結果として、つくられているシステムや産み出しているものは決して文化ではないです。ビジネスという枠でくくられたものには、何か温かさも愛情もないような気がするんです。

いいんですよ、情報社会で。いろいろな数字やデータとか、情報が重要視されることはいいんですけど、脳みそってハートのためにあるとわたしは思っているんですよ。脳みそは素晴らしい方がいいですし、脳みそにいろんなものが入っている方がいいのはよくわかるんですが、だけどそれはすべて、うれしかったり、喜んだり、幸せだったりする結果のためにあってほしいなと思うので」

京都錦市場に面した［有次］のショーウインドウは、たとえば4月になると小さな炭火を入れる花見酒のための真鍮製の燗銅壺《かんどうこ》（200頁）、10月には切っ先が丸く愛嬌のあるフォルムの栗剝き庖丁と専用まな板がディスプレイされ、大阪ミナミの道具屋筋の料理道具店とはちょっと違って季節感がある。その季節に食べるものが決まっていたり、こんなときの作法はこうだとか、約束事の多い京都はとても面倒くさいと思ったりもする。けれどもそれらは本来、人を縛ったりストレスを与えるための約束事ではない。根底にあるものは楽しくしあわせに日常を暮らすための知恵であり、そこに先人たちのストーリーがあって揺るがない。

「それを大きな声で、大上段で、いまの人たちに向かって何かを突きつけるのではなく、店先のディスプレイでそんなことをさりげなく匂わせているのが、やたらわたしにはかっこよく思えるんですね」

確かに。京のものづくりの老舗としての［有次］は、その根っこの日本そのものの部分がかっこいい。

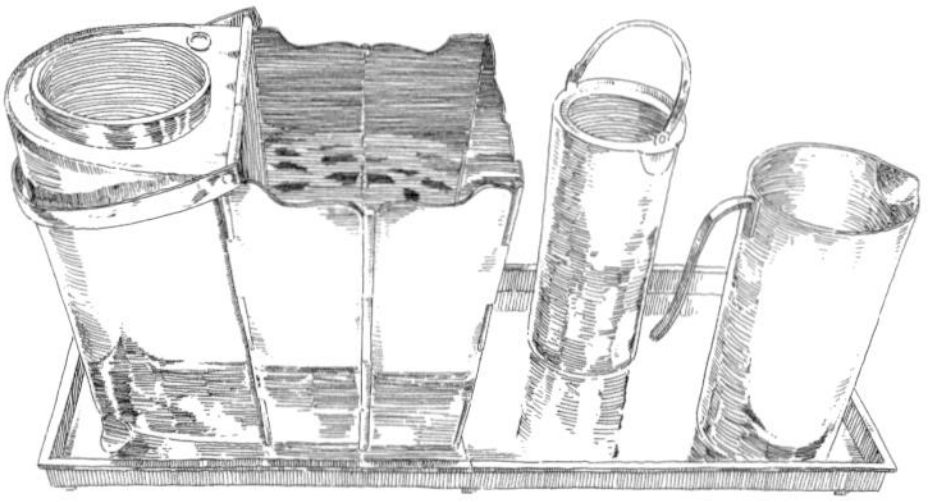

庖丁という道具――あとがき

大阪は岸和田の下町に生まれて育ったので、いろんな職人の姿を見てきた。
小学校へ通う途中に［廣瀬畳店］があり、登校時にはすでに仕事用の畳台を表の道にはみ出させていた。おやっさんから仕事を引き継いだ若主人が、火箸のような針で畳の縁を縫ったり、大きな庖丁で端を切り落としていたりしていた。かれは約四十年ののちに町会長をされて、去年亡くなった。

同級生の女の子の家はブリキ屋で、そこでは眼鏡をかけた親父がヤットコの親玉みたいな形をした鋏《はさみ》でブリキを切っていた。煙突をつくっているのだった。一つ年上の大工の家へ行くと、土間に鋸《のこ》、鉋《かんな》や鑿《のみ》と砥石が置かれていたし、左官の家では玄関に五角形を長くした形の鏝《こて》などなどがあった。

職人たちは道具を使って何かをつくることが仕事だ。大切に扱われている「商売道具」は、凄みを持ち、味がある姿形をしていた。

鮨屋や割烹で板前が握る庖丁は刀剣みたいで、職人の道具の中でもちょっと違った魅力を放っている。なかでも料理をつくる庖丁だけが、客に出す商売だけでなく、シロウトが家で使う道具でもある。庖丁はどこの家にもある道具だが、本職が使うものとどう違うか、と訊かれれば、同じだとも違うとも言える。

ただ道具は手入れが要る。あたり前だが、これは割と理解されていない。鋼《はがね》の和庖丁は錆びる。だから使い終わったら、しっかり洗って磨いておかなくてはならない。和庖丁独特の「研ぐ」という手入れは、その延長線上にあるものだ。わたしはそこのところが面倒臭いので、「錆びなくてよく切れる」ドイツ製のステンレスの三徳庖丁を主に使ってきた。ただ口が結構いやしい方なので、食べたいものを自分で料理するから、小魚を捌くための小さな出刃庖丁を含め、数本持っている。

庖丁を研いだことのないわたしは、刺身庖丁や出刃庖丁は本職の板前が使う道具と思っていた。シロウトのものとは違う。もし家でなにか新しい料理をしたくなって、そのために必要となれば、それに応じた最新の庖丁を買い足せばいいし、使っている庖丁が切れなくなったら買い換えればいいじゃないか、などと思っていた。もちろんうちの庖丁がよそのそれと比べて、よく切れるかどうかなんてあまり考えない。「こんなもんだろう」という感覚だ。

ところがあるとき、シャープナーを使うようになった。クレジットカード会社のポイントが貯まったのでそれを使って入手したのだ。刃を入れて前後させるだけのシャープナーだったが、その三徳庖丁がよく切れるようになった。

トマトを切ると一目瞭然だ。そうなると切ることが面白くなってくる。よく切れる庖丁で新鮮なキャベツを切ると気持ちがいいからサラダにしたくなる。薬味用にネギを切ると香りまでが違う。だからスーパーの袋入りの「8種類のサラダ」や「刻みネギ」を買わなくなったし、鮪や鰹のタタキもサクで買って帰って家で切るようになる。

しかし数ヶ月経ち、そういうことにも飽きて以前に戻りかけた。いや飽きたのではない。シャープナーが消耗して新品のときのように庖丁に刃が付かなくなっただけなのだ。新しいシャープナーを買い直そうかと思ったが、そのまま引き出しに放り込んだままだ。ワインに熱中した当時に買ったチーズ切りナイフも同じように眠っている。結局、庖丁も消耗品の家庭雑貨や台所器具としか見ていなかったのだ。

砥石は重さや手触り、使う感覚からして全然違っていた。この取材が始まって砥石を買ったのだ。といっても店で勧められた普通の中砥である。わたしは手先が器用な方じゃないが、まず手始めに使い古したペティナイフを研いでみた。YouTubeを検索して研ぎ方を真似たところ、一回目からうまくいったのか、もの凄く切れた。

「なんだこれ」とびっくりして、また切るのが楽しくなってくる。二回三回と手慣れてくると出刃庖丁も研ぎたくなる。切っていて「おかしいな」と思ったら研ぐ。次には、切っていて「おかしいな」となると不愉快だから、そうなる前に研ぐようになる。「切る」「研ぐ」という行為とその感覚はアナログ的だが、手入れの意識は段階的だ。このようにして庖丁は砥石があってはじめて道具となる。

そこから世界は広がる。ぶ厚い鋼の庖丁が魚の身に入り、まるで吸い付くように切れる感覚を覚えると、魚の多様さや新鮮さがわかってくる。パックのラベルに記された、魚の産地や肉の品種や部位といった情報ではなく、魚なら全体の色や輝き、目玉の透き通り具合、尾ヒレの切れ込み具合……。見比べて、「おお、これは安いしええ鰺や」と目利きが出来るようになってくる。大根でもキュウリでもいい、野菜を切れば旬もわかってくる。そうなると市場をのぞくことが楽しみになってくる。

もちろん時間がかかる。刺身を引くにしてもキャベツの千切りにしても、シロウトの庖丁は稽古事だ。板前の庖丁さばきを見ていると、きっとコツみたいなものがあるのだろうと思うが、われわれにとっては要するに慣れだ。けれども好きな楽器の演奏と同じように、一生懸命手入れして、稽古して、上手になると、日々の稽古そのものが楽しくなるから、知らぬ間に上達してますます楽しくなる。

そういう実生活のなかの鋼の和庖丁の「切れ味」はスペックとは関係がない。ファッション・アイテムのように消費情報化されることもない。また、道具は自分の道具になっていなければならない。そこにプロアマの境はない。庖丁が身体の一部になっていないとダメだということだ。

道具は消費財ではないのだ。だから飽きるということと無縁だ。毎日使う庖丁を自分で手入れすることは、かけがえのない実生活に差し向かうということでもある。そういうふうに思いながら、世界一切れる［有次］庖丁に魅せられて本を一冊書く羽目になった。

最後になったが、何をどう書くにもこの本は、［有次］のみなさま、とりわけ寺久保進一朗社長と武田昇店長のお二人のご協力なしには不可能なことでした。連載前から長い間ご親切にお付き合いいただき有難うございました。そしてわたしの不躾な取材を「隣町の人やから」と快くお受けいただいた堺の伝統打刃物の職人の方々と、庖丁から料理を語っていただいた腕利きの料理人の皆さまに御礼申し上げます。

写真は内藤貞保さん、イラストは綱本武雄さん。長くわたしと一緒に仕事をしていただいている両氏もまさに「職人」であり、良い仕事をしていただきました。感謝いたします。

また本書は新潮社出版企画部の足立真穂さんのお力によるものです。「有次さんをやりたいんですが」というこちらの大それたオッファーを「面白そうだ」と連載企画にしていただいたばかりか、『波』連載時からいろいろとアドバイスをいただいた。

同じ上方の大阪の人間が京都を語る際には、ある種独特の見方や感じ方があるのだが、その「ややこしい」ところに鋭くチューニングを合わせていただき、さりげなく東京人の都会的な観点を重ね合わせていただいたおかげで、ひと味違った「京都論」としても読める書物になったと自負しています。御礼申し上げます。こころより。

参考文献

『京都の大路小路』森谷尅久監修　小学館　２００３年
『京都　暮らしの大百科』梅原猛ほか監修　淡交社　２００２年
『キョースマ！　錦市場1冊まるごと。』なごみ1月号別冊09冬号　淡交社　２００９年
『東方的』中沢新一　講談社学術文庫　２０１２年
『堺市史　続編第二巻』堺市　１９７１年
『堺の伝統産業』堺市経済局工業課　１９８５年
『市制１００周年記念誌　フェニックス堺』堺市制１００周年記念事業事務局　１９８９年
『刃物漫語』信田藤次　和泉利器製作所　１９６８年
『大阪と堺』三浦周行著　朝尾直弘編　岩波文庫　１９８４年
『カウンターから日本が見える　板前文化論の冒険』伊藤洋一　新潮新書　２００６年
『刀剣美術　第五十二号』日本美術刀剣保存協会　１９５８年
『文人悪食』嵐山光三郎　新潮文庫　２０００年
『京都の中華』姜尚美　京阪神エルマガジン社　２０１２年
『刃物の見方』岩崎航介　慶友社　２０１２年
『刃物のおはなし』尾上卓生・矢野宏　日本規格協会　１９９９年
『包丁と砥石』柴田書店　１９９９年

本書は、『波』（２０１２年12月号〜２０１３年９月号）の連載と『考える人』（２０１３年春号）の取材原稿をもとに、大幅に加筆修正したものです。

写真撮影　内藤貞保（帯、ソデ含む左記以外すべて）
　　　　　有本真紀（13頁上２点、14頁右下）
　　　　　菅野健児（15頁３点）
イラスト　綱本武雄
装幀　　　新潮社装幀室

江 弘毅（こう・ひろき）
1958年、大阪・岸和田生まれの岸和田育ち。神戸大学農学部卒。
『ミーツ・リージョナル』の創刊に携わり12年間編集長を務めた後、
現在は編集集団「140B」取締役編集責任者に。
「街」を起点に多彩な活動を繰り広げている。
著書に『「街的」ということ』『岸和田だんじり祭　だんじり若頭日記』
『ミーツへの道』『街場の大阪論』『「うまいもん屋」からの大阪論』
『飲み食い世界一の大阪』など。

有次《ありつぐ》と庖丁《ほうちょう》

2014年3月15日　発行

著者　江《こう》 弘毅《ひろき》
発行者　佐藤隆信
発行所　株式会社新潮社
〒162-8711　東京都新宿区矢来町71
電話（編集部）03-3266-5611（読者係）03-3266-5111
http://www.shinchosha.co.jp
印刷所　錦明印刷株式会社
製本所　大口製本印刷株式会社

ISBN978-4-10-335411-6　C0095
価格はカバーに表示してあります。